海洋世界的奥秘

韩雨江 / 主编

吉林科学技术出版社

图书在版编目（CIP）数据

海洋世界的奥秘 / 韩雨江主编. -- 长春 : 吉林科学技术出版社, 2024. 4 (2025. 1重印).
ISBN 978-7-5744-0837-1

Ⅰ. ①海… Ⅱ. ①韩… Ⅲ. ①海洋 - 儿童读物 Ⅳ. ①P7-49

中国国家版本馆CIP数据核字(2023)第178870号

海洋世界的奥秘

HAIYANG SHIJIE DE AOMI

主　　编　韩雨江
出 版 人　宛　霞
责任编辑　朱　萌　李思言　张延明
制　　版　长春美印图文设计有限公司
封面设计　长春美印图文设计有限公司
幅面尺寸　210 mm × 280 mm
开　　本　16
字　　数　200千字
印　　张　16
印　　数　19 001 ~ 24 000册
版　　次　2024年4月第1版
印　　次　2025年1月第3次印刷

出　　版　吉林科学技术出版社
发　　行　吉林科学技术出版社
地　　址　长春市福祉大路5788号出版集团A座
邮　　编　130118
发行部电话/传真　0431-81629529　81629530　81629531
81629532　81629533　81629534
储运部电话　0431-86059116
编辑部电话　0431-81629380
印　　刷　吉林省吉广国际广告股份有限公司

书　　号　ISBN 978-7-5744-0837-1
定　　价　158.00元
如有印装质量问题　可寄出版社调换

前言 | FOREWORD

当我们遨游在太阳系时，会看到一个蓝色的星球，它孕育着无数的生命，这就是地球。每当我们打开世界地图，或者旋转地球仪的时候，会发现大部分的面积都被海洋的蓝色所占据，其覆盖地球面积约 3.6 亿平方千米，约占地球总面积的 71%。海洋是生命的摇篮，孕育了无数的生灵，它拥有古老的生命、绚丽的色彩、奇特的现象、有趣的故事。

好奇是人类的天性，求知是人类的本能，也是人类探索学习的原动力。人类之所以会坚持不懈地探索和研究海洋，是因为海洋中有变幻莫测的海洋奇观、种类繁多的海洋生物，更有优质丰富的海洋资源。随着探测技术的发展，我们已经拨开了一些笼罩在海洋上的迷雾，看到了海洋一部分“真实”的面孔，然而还有更多的未解之谜等待着人类去探索。

《海洋世界的奥秘》一书为满足读者的探索欲望，从海洋的形成，到海洋底部的组成部分，最后到海洋与人类的关系，由浅入深地为读者讲述有关大海的科普内容，同时配有精美图片以及模型图片让科普知识不再晦涩难懂。这是一本给热爱自然的人去探索的“大舞台”，每一处都既生动又丰富多彩，让读者轻松读懂海洋世界并一点点爱上神秘的海洋。

目　录 | CONTENTS

第一章 蓝色星球

第二章 海洋世界

第三章 海洋生物

目录 | CONTENTS

目 录 | CONTENTS

第四章 浅海与深海

第五章 海岸和海滨

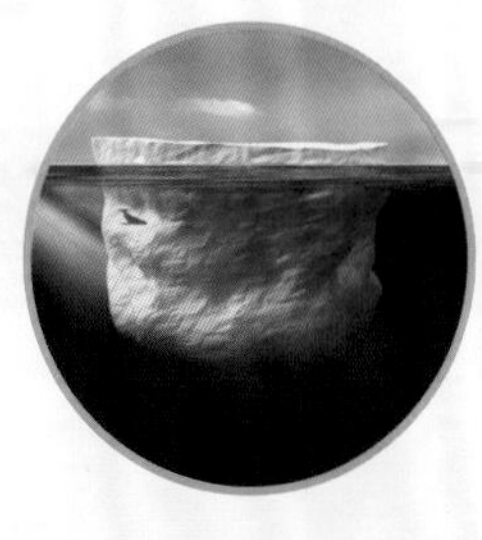
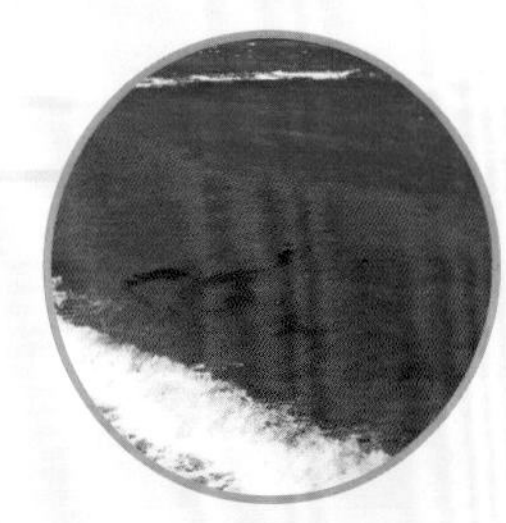
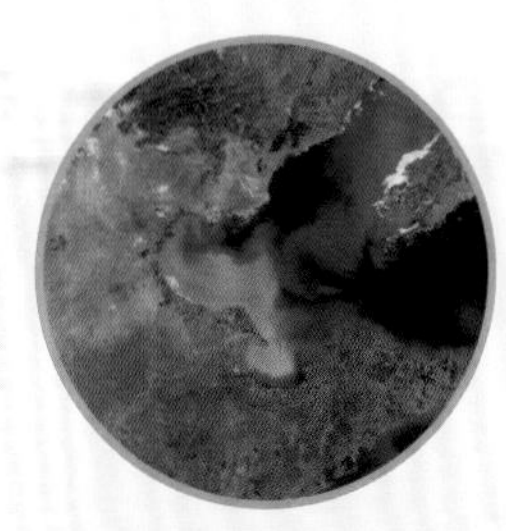

目 录 | CONTENTS

第六章 极地海域

第七章 海洋和人类

第一章 蓝色星球

地球的形成——我们共同的家

地球诞生于46亿年前，最初是围绕着太阳旋转的尘埃和岩石凝聚在一起，然后在这不断发展的过程中吸附了富含铁的陨石，这些陨石碰撞地球逐渐熔化，热量不断聚集，最终岩石与金属熔化，较重的金属随后沉入地球中心，形成一个炽热的金属核，外面被厚厚的岩石质地幔和冷却的外壳包裹着。

早期的海洋与今天我们所见的海洋是完全不同的。原始的海洋，海水不是咸的，而是酸性的液体，水温能够达到100℃。经过亿万年的变化，才变成了大体均匀的淡水。这些水不断蒸发，降落到地面上来，并把陆地上岩石中的大量盐分带到原始海洋中去，年复一年，日复一日，海洋中的淡水就变成了盐水。经过亿万年的累积融合，才变成了如今这样含盐量大体均匀的海水。那么地球上的水是从哪里来的呢?

地球形成示意图

海洋最初可能覆盖了整个地球。随着时间的推移，火山喷发产生了较轻的岩石，这些岩石构成了大陆。陆块之间低洼的盆地被填满后就成为了现在的海洋。

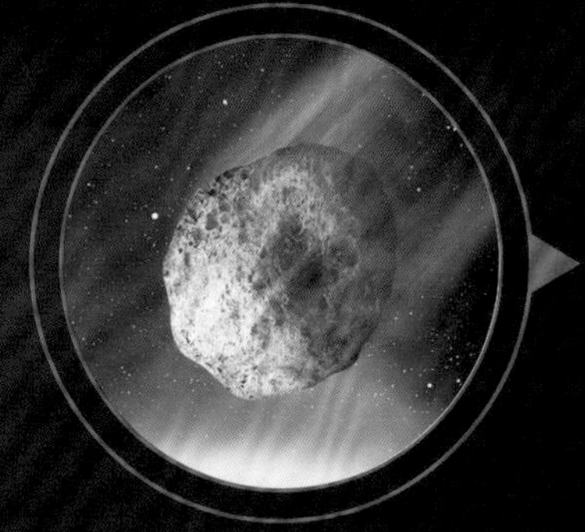

彗星送水说

宇宙物理学家认为，水只会存在于太阳系中较为寒冷的区域。比如，在火星和木星轨道之间有一个小行星带，这些小行星中，就有部分小行星有水存在。有可能在39亿年前，一部分光临过地球的彗星就是地球的“送水人”。

地球自带水说

传统的观点认为，水是地球形成时从星云物质中产生的，通过地球的不断演化从深部释放出来。在火山活动区和火山喷发时，都会有大量的气体出现，其中绝大部分是水汽。这正好印证了这个观点。

你知道吗？

地球的一半以上被海水覆盖着，海洋占地球总面积的71%。若将地球上的陆地与海洋都看作“平地”，海洋的水将这个“平地”覆盖起来，水深可达2 745米。

变化的海洋——孕育生命的摇篮

海洋从诞生之初，面貌就不断地更新，经历了许多变化。根据目前普遍认可的“大陆漂移说”理论，在今天的海洋和陆地形成以前，地球上的大陆是连为一体的，称为联合大陆或泛大陆。围绕它的，是一片统一的海洋。后来，由于受到各种力的作用，泛大陆破裂，向赤道做大规模水平漂移。在漂移过程中，随着大陆的分开，海洋自然被隔断了，形成了今天的太平洋、大西洋、印度洋与北冰洋。海洋目前仍在不断地变化，只是我们能够感知的比较少。今天的海洋，是亿万年不断变化的结果。

一开始，人们普遍认为，海洋自出现后就不再发生变化。1910年的一天，地理学家魏格纳望着世界地图，无意中发现一个十分奇怪的现象，南美洲巴西那块突出的部分，与非洲喀麦隆凹陷进去的部分，就像被撕开的两块，它们可以自然吻合。一年以后，更多的研究表明，美洲、欧洲、非洲在地质结构、生物特点等方面有许多相似之处。于是，一个大胆的假说形成了……

大陆漂移过程图

地球上的大陆原本都是连在一块的，由于潮汐的摩擦力和地球自转的离心力，它分裂成几大块，然后向不同的地方漂移开来。美洲离非洲、欧洲而去，中间就形成了大西洋；印度次大陆与南极洲分离北上，与亚欧大陆撞接，喜马拉雅山脉便横空出世；亚洲西漂，在东岸留下碎片，成为今天的岛弧线……这个时候，七大洲、四大洋的基本格局由此形成。魏格纳于1915年编写了《海陆的起源》一书，正式宣告大陆漂移学说的诞生。

你知道吗?

《物种起源》中提到“相同的生物种一定起源于同一个地区”，魏格纳在研究“大陆漂移”时也参考了这个观点，并找到了有力的证据：在大西洋东岸有一种庭园蜗牛，行动迟缓，一天仅能爬百十米远，同样的蜗牛竟在大西洋西岸的北美洲也被发现了。倘若两岸不曾连在一起，蜗牛怎么可能从大西洋东岸跑到大西洋西岸呢?

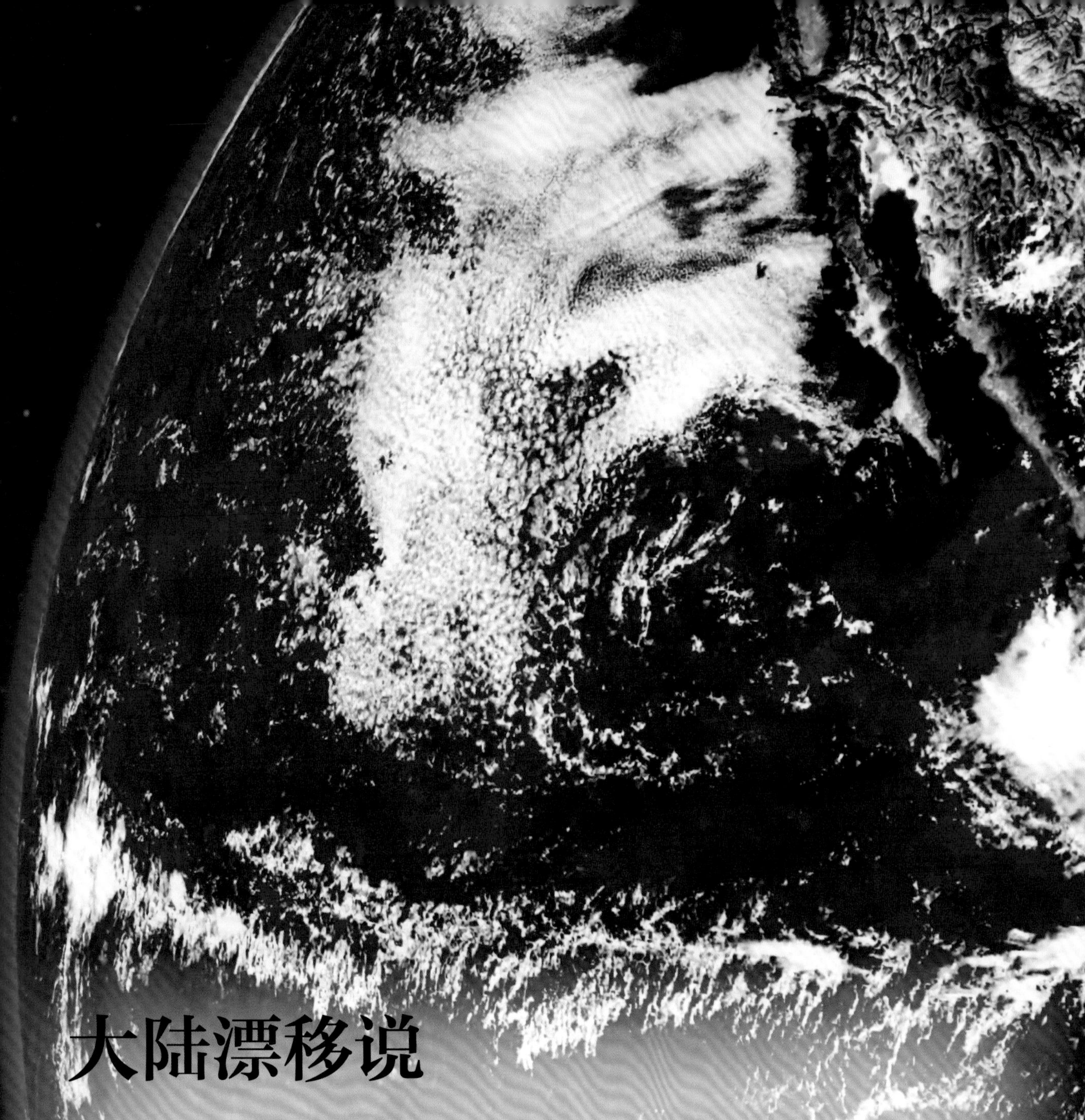

大陆漂移说

1912年，德国科学家阿尔弗雷德·魏格纳根据各大洋海岸线弯曲形状的吻合特征，提出了大陆漂移假说。他认为地球上所有的大陆在中生代以前是一个统一的巨大陆地，被称为泛大陆，陆地以外的部分被称为泛大洋。

地壳在最初形成时是很薄的花岗岩质硬壳，均匀地漂浮在玄武岩质的基底上，所以，这时的地壳很容易受外力影响而发生漂移。当地球自转时会有惯性离心力，导致大陆产生从南北两极向赤道转移的漂移运动，而太阳和月球对地球的引力产生的潮汐作用，又导致了大陆向西的运动。在2.5亿年前的中生代初期，首先在美洲大陆与欧洲大陆、非洲大陆之间形成了大西洋，接着澳大利亚大陆与南极洲大陆间形成了印度洋。到新生代第四纪初期，就形成了现代世界海陆分布的轮廓。

地球结构

地球内部有核、幔、壳结构，地球外部有水圈、大气圈以及磁场。

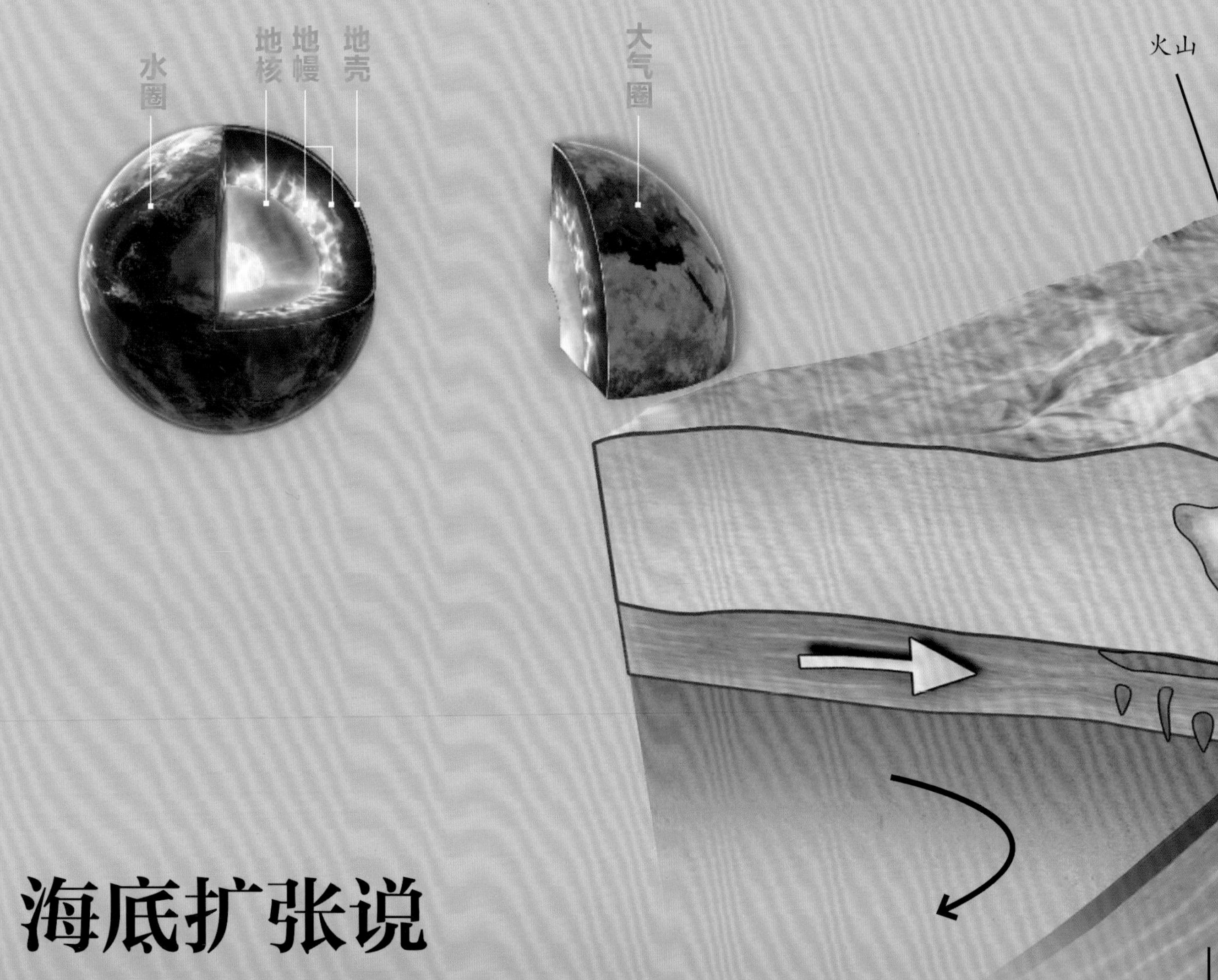

海底扩张说

1962年，美国科学家赫斯教授发表了他的著名论文《大洋盆地的历史》。这篇论文被人们称为“地球的诗篇”。在这篇论文中，赫斯教授首先提出了海底扩张说。

我们都知道，地球是由地核、地幔和地壳组成的。地幔厚达2900千米，是由硅、镁等元素组成的，约占地球质量的68.1%。因为地幔温度高，压力大，就像一锅沸腾的钢水，不断翻滚，从而产生对流，形成强大的动能。大陆则是被动地在地幔对流体上移动。当岩浆向上涌时，海底会产生隆起，岩浆不停地向上涌升，自然会冲出海底，随后岩浆温度降低，压力减小，冷凝、固结，铺在老的洋底上，形成新的洋壳。

当然，这种地幔的涌升是不会就此停止的，在随之而来的地幔涌升力的驱动下，洋壳被撕裂，裂缝中又涌出新的岩浆，冷凝、固结，再为涌升流动所推动。这样反复不停地运动，新洋壳不断产生，把老洋壳向两侧推移出去，这就是海底扩张说。

当扩张着的洋壳遇到大陆地壳时，便下沉到大陆地壳之下的地幔中。

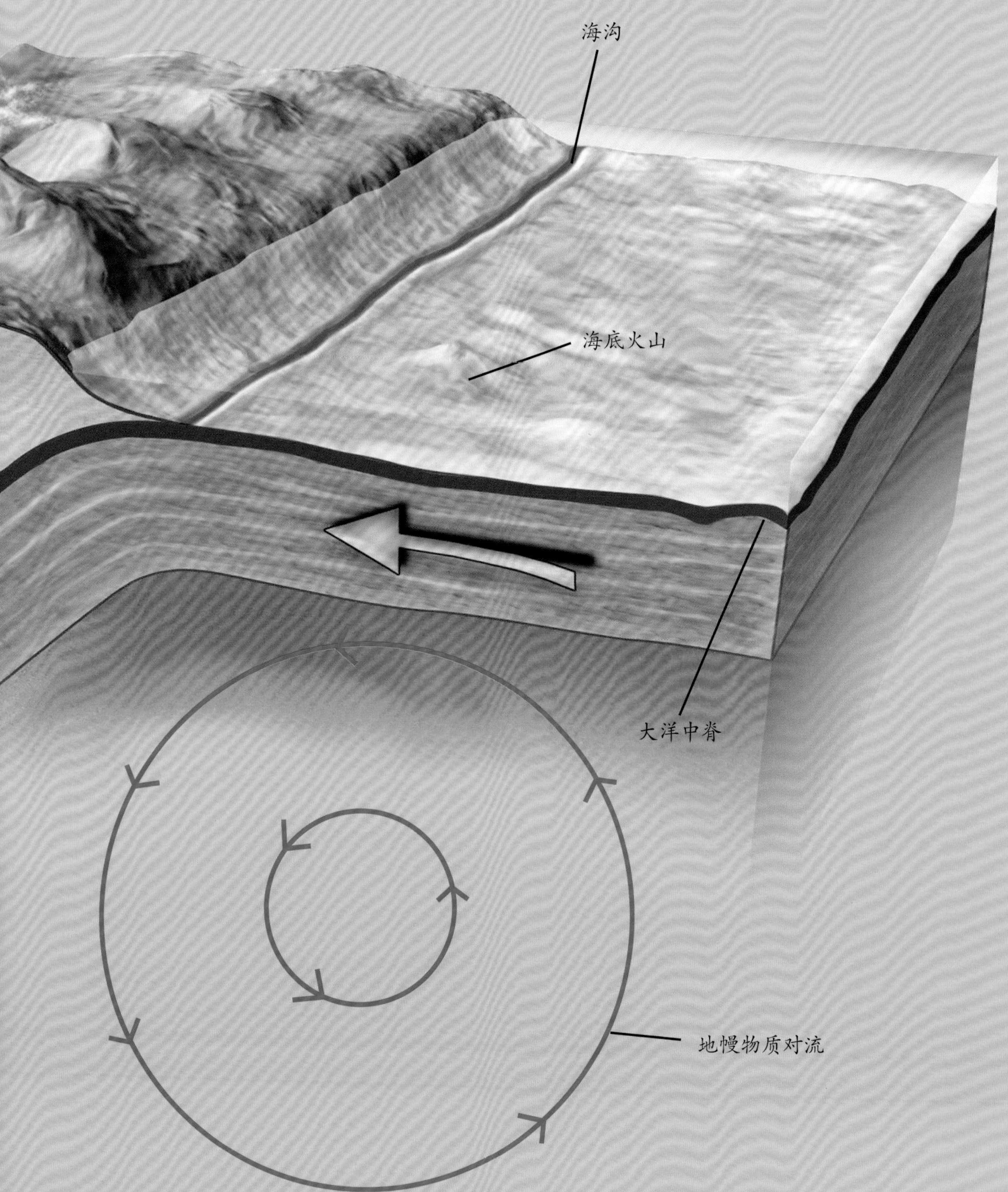

板块构造说

板块构造说一种大陆漂移说，它是海底扩张说的延伸。这种学说把地球的岩石圈分解为若干巨大的刚性板块，即岩石圈板块。全球共分为太平洋板块、亚欧板块、美洲板块、印度-澳大利亚板块、非洲板块和南极板块六大板块。所有这些板块，都重力均衡地位于具有流动性的塑性软流圈之上，随着软流圈的运动，各个板块也会发生相应的水平转动。就好比我们居住的地球表面是由一块块木板凑成的，这些木板底下的塑性软流圈像水似的流动着，它的流动会推动地球板块的移动。

相邻的板块之间或相互分离，或相互汇聚，或相互平移，引起地震、火山和构造运动。板块构造说囊括了大陆漂移、海底扩张、转换断层、大陆碰撞等概念，为解释地球地质作用和现象提供了极有成效的模式。

据地质学家估计，大板块每年可以移动1~6厘米的距离。虽然移动速度很慢，但经过亿万年后，地球的海陆面貌就会发生巨大的变化。

除了大陆的漂移，地质变化同样也在影响着海洋。这些变化使有些海洋变成陆地，有些陆地变成海洋，还有些海洋扩张成为新的海洋。例如现在的喜马拉雅山脉，在很久以前就是一片海洋，由于亚欧板块和印澳板块挤压隆起，才变成了今天的样子。

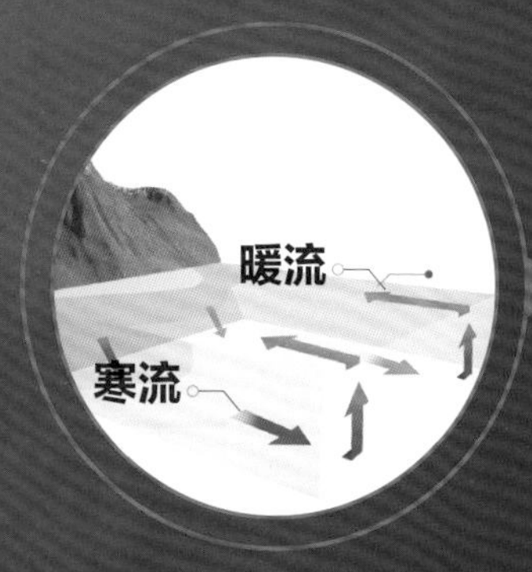

洋流

洋流分为暖流与寒流。暖流的水温比所到区域的温度高，对沿途气候有增温、增湿作用。而寒流的水温比所到区域的温度低，能使经过的地方气温下降，少雨。

海水温度的特点

陆地既不透明又不流动，它不能很好地传热和储存能量，所以在炎炎烈日下，地面就会变得非常炎热。而海洋则不同，它吸热能力非常强。但由于海洋面积太大，所以海水的温度也不会很高。到达地球的大部分太阳能被海洋吸收并存储起来，海洋就成了地球上巨大的热能仓库。

墨西哥湾暖流

墨西哥湾暖流简称湾流，是世界大洋中最强大的一支暖流。墨西哥湾暖流规模十分巨大，它宽100多千米，深700米，总流量为每秒7400万～9300万立方米，流动速度最快时每小时9.5千米。刚出海湾时，水温高达27～28℃，它散发的热量相当于北大西洋所获得的太阳光热的1/5。它像一条巨大的“暖水管”，挟带着热量，加热了所有经过地区的空气，并在西风的吹送下，将热量传送到西欧和北欧沿海地区，正因如此，使该地区呈现暖湿的海洋性气候。

气候的调节

地球上温度的变化主要由海洋来调节，海洋通过海水温度的升降和海流的循环，并通过与大气的相互作用影响地球气候的变化。主要受海洋影响的地区，气温的变化都比较和缓，年较差和日较差都比大陆性气候小。春季气温低于秋季气温。全年最高、最低气温出现时间比大陆性气候的时间晚。在热带海洋多风暴，如北太平洋西南部与中国南海是台风生成和影响强烈的地区。热带风暴（包括台风）是一种十分可怕的气象灾害。

生命的开始

海洋是生命的摇篮，是一切生物进化的发源地。海洋是万物之母。

生命最初诞生在原始海洋中。40多亿年前，地球上有了海洋和大气，但是那时还没有生命，只是在原始星际的云状物中，存在着碳、氢、氮等各种最简单的元素，后来出现了氧。生命的出现首先经历了漫长的化学过程。碳、氢、氧等这些无机质经过一番复杂的化合反应，产生了有机物质，这就是生命最原始的物质基础。这些有机物质汇聚到汪洋大海之中，扮演了远古海洋里的重要角色。

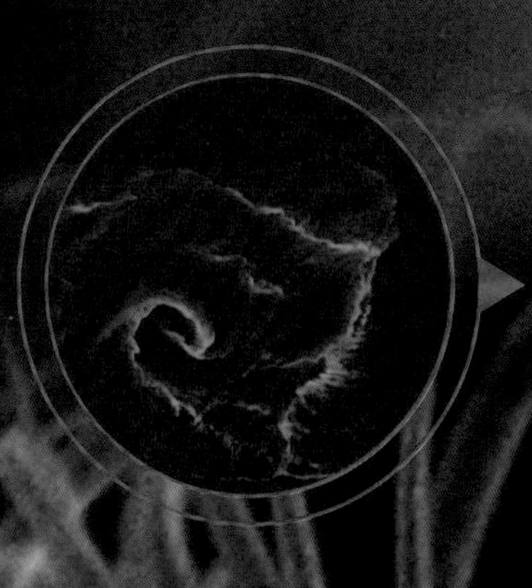

蓝绿色的生命

35亿至33亿年前，海洋里出现了一种蓝绿色的生命——蓝细菌。这种原始的藻类含有光合色素，在阳光的爱抚下，以阳光作能源，把水、二氧化碳和其他盐类合成为糖、淀粉和蛋白质等有机物，就像一座座精致的有机物合成“化工厂”，从而使生命的链条一环一环地被连接起来。

原生动物

在5亿多年前，海洋里的原生动物就已经十分活跃了。这些原生动物有独立活动的本领，有刺激感应，它们能伸出一些树枝状的“小脚”捕捉食物或改变自己行走的路线。

大约4亿年前，蓝绿藻首先登上陆地，之后苔藓植物、蕨类植物、裸子植物和被子植物相继出现。由于这些植物的出现，昔日荒山秃岭的大地披上了绿装，各种微生物和昆虫找到了活动的场所。海洋里有一种无颌鱼，说起来，它还是人类的老祖宗呢！

到距今3亿年左右，一些海洋中的无颌鱼越过潮间带爬上了陆地，成为既可在陆地又可在海洋里生存的两栖动物。随着陆地上氧气的增加，动物用来呼吸的肺也变得更加完善。顽强的生命抵御着来自各方面的侵袭，它们终于度过了两栖阶段，彻底离开了海洋。

到了2.5亿年前的中生代，爬行动物开始大量繁殖，直至6500万年前的一段时间，地球进入了恐龙（爬行动物）时代。又过了数千万年，哺乳动物成为陆地上的统治者。此外，鸟类也由另一支原始爬行动物演化而成，这些都为更高等生物的出现提供了适宜的条件。

距今4000万年前，地球上出现了古猿（猿类）。早期古猿以原上猿、埃及猿为代表。它们主要分布在亚洲、非洲、欧洲的多个地区，其中一些成员是现代猿类的祖先。古猿从树栖到地栖生活方式的转变，为古猿向人的逐渐转变奠定了基础。

第二章 海洋世界

海和洋的区别

事实上，海和洋并不完全是一回事儿，它们彼此之间是不相同的。

洋是海洋的中心部分，是海洋的主体。世界大洋的总面积约为海洋总面积的89%。大洋的水深一般在3000米以上，最深处可达1万多米。大洋离陆地遥远，不受陆地的影响，它的水文和盐度的变化也不大。每个大洋都有自己独特的洋流和潮汐系统。大洋的水中的杂质很少，透明度很大。

海在洋的边缘，是大洋的附属部分。海的面积约占海洋总面积的11%。海的水深比较浅，平均深度从几米到两三千米。海临近大陆，受大陆、河流、气候和季节的影响，海水的温度、盐度、颜色和透明度，都受陆地影响，有明显的变化。夏季水温升高，冬季水温降低；有的海域，海水还会结冰。在大河入海的地方，多雨的季节海水会变淡。河流夹带着泥沙入海，近岸海水浑浊不清，海水的透明度差。海没有自己独立的潮汐与海流。

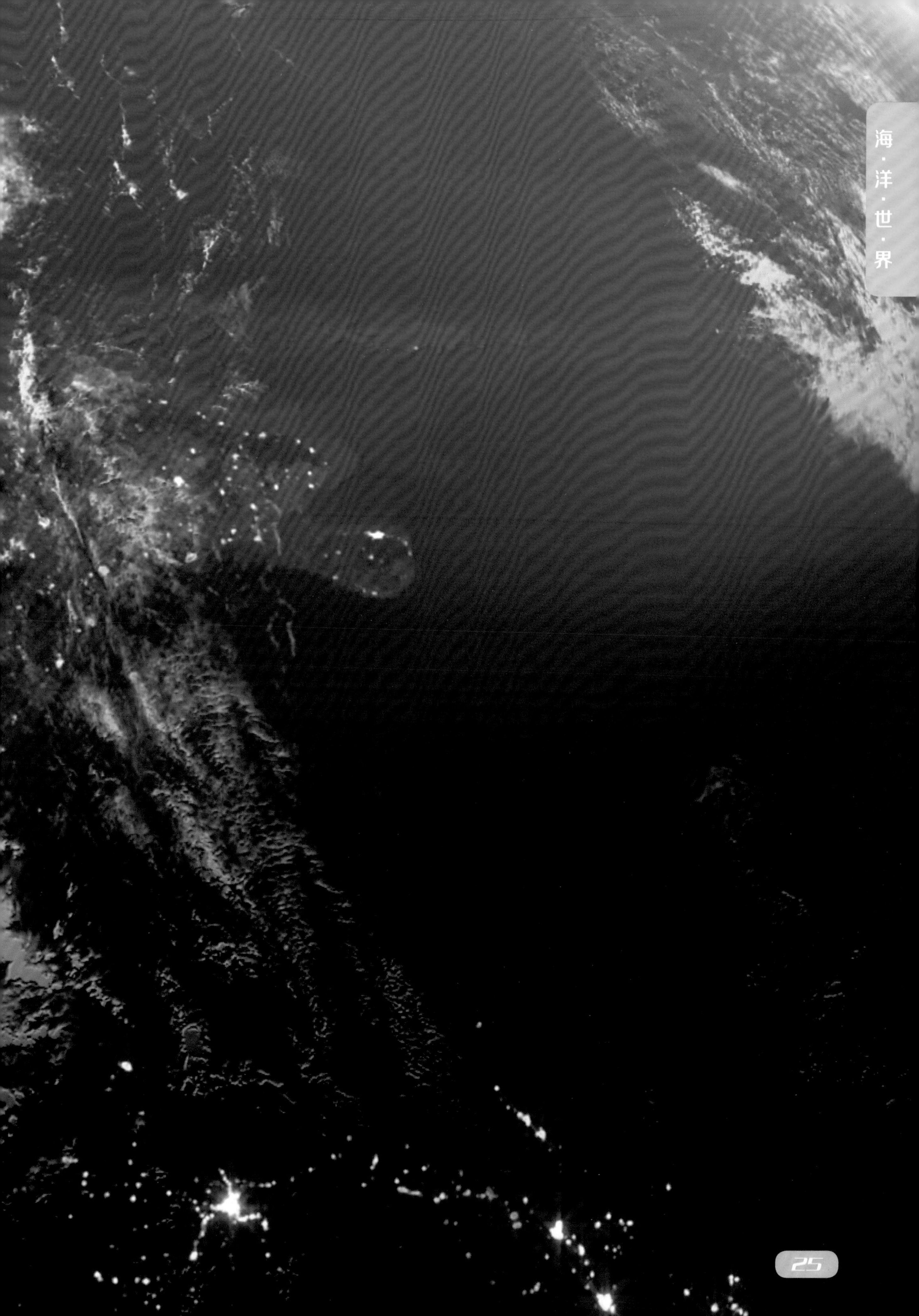

每当我们打开世界地图，或者旋转地球仪的时候，首先映入眼帘的是大片的蓝色。据科学家研究，地球表面的面积是5.1亿平方千米，其中海洋的面积为3.61亿平方千米，占地球面积的71%，是陆地面积的2.4倍。地球上大部分的面积都被海洋占据。

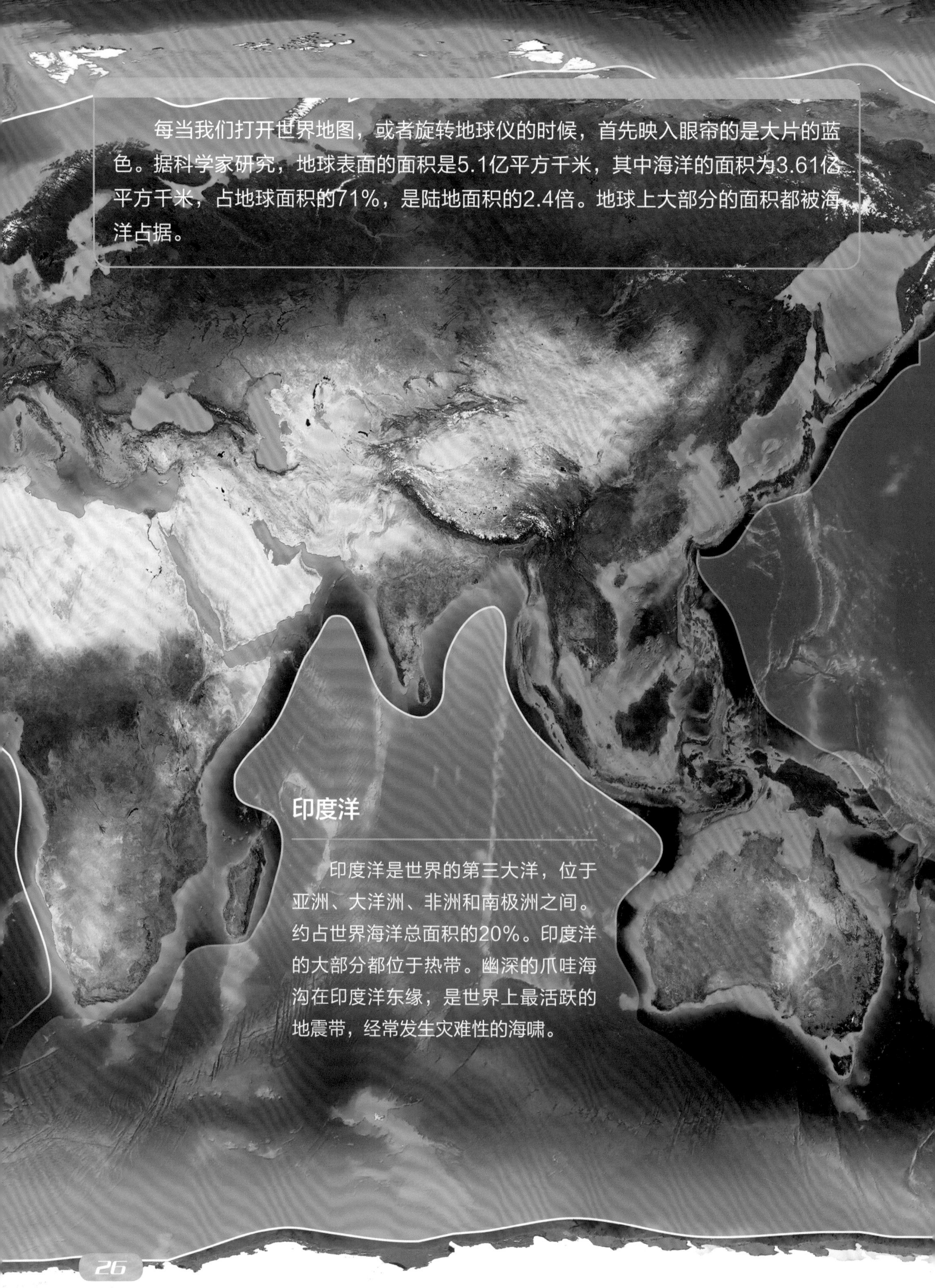

印度洋

印度洋是世界的第三大洋，位于亚洲、大洋洲、非洲和南极洲之间。约占世界海洋总面积的20%。印度洋的大部分都位于热带。幽深的爪哇海沟在印度洋东缘，是世界上最活跃的地震带，经常发生灾难性的海啸。

北冰洋

北冰洋是世界最小的大洋，北美洲、欧洲和亚洲环绕在它四周。在北冰洋中，靠近北极的海域常年处于冰冻状态，冬天覆盖在这一海域上的冰是其他季节的两倍多。

太平洋

太平洋是世界上最大、最深的大洋，最宽的地方几乎横跨半个地球。太平洋非常辽阔，面积约1.79亿平方千米，平均深度3957米，最深处马里亚纳海沟深11 034米。过去的太平洋比现在更宽，但是随着大西洋的不断扩张，太平洋的面积在逐渐缩小。太平洋中火山岛和海山星罗棋布。洋底海沟纵横交错，地球的最低点也在太平洋中。

大西洋

大西洋是地球第二大洋，位于欧洲、非洲和南、北美洲之间。大西洋连同其附属海和南大洋部分水域在内的面积约占海洋总面积的25.4%，平均深度为3597米，最深处位于波多黎各海沟内，为9218米。

透明度最高的海——马尾藻海

马尾藻海位于北大西洋中部的一个海域，因漂浮大量马尾藻而得名。马尾藻海最明显的特征是透明度高，是世界上公认的最清澈的海。海水湛蓝，可见度深达66.5米，个别海区可达72米。1492年，哥伦布横渡大西洋时发现了这片海域，船队发现前方视野中出现大片生机勃勃的绿色，他们以为陆地近在眼前了，可是当船队驶近时，才发现“绿色”原来是水中茂盛的马尾藻。哥伦布在这里被围困了一个月，最后才在全体船员的努力下死里逃生。

地中海最美的港湾——摩纳哥

摩纳哥公国位于地中海海边峭壁上，面积仅有2.02平方千米，是世界上第二小的国家。这里不仅有阳光、沙滩、海水，还有每年的蒙特卡洛一级方程式赛车活动，吸引数万人涌进摩纳哥。

最淡的海——波罗的海

波罗的海，世界上海水含盐度最低的海，是地球上最大的半咸水水域。波罗的海的海岸复杂多样，海岸线十分曲折，南部和东南部是以低地、沙质为主的海岸，北部以高陡的岩礁型海岸为主。海底沉积物主要有沙、黏土和冰川软泥。波罗的海中岛屿林立，港湾众多，散布着奇形怪状的小岛和暗礁。自然资源丰富多样，造就了波罗的海的独特美景，吸引全世界的游客前往。

最咸的海——红海

红海位于非洲东北部与阿拉伯半岛之间。虽然称作红海，但它在大多数时候并不呈红色，只是偶尔会季节性地出现大片红色藻类。有的人说红海里有许多色泽鲜艳的贝壳，因而水色深红；有的人说红海近岸的浅海地带有大量黄红的珊瑚沙，使得海水变红；还有的人说红海是世界上温度最高的海，适宜生物繁衍，所以表层海水中大量繁殖着一种红色海藻，使得海水略呈红色，因而得名红海。

海水

海水，海洋中或来自海洋的含有多种盐类的水溶液。有人认为，海水来自大气，最后从江河中流入大海。那么，大气和江河中的水，又是从哪里来的呢？归根结底还是从海洋里来的。据测算，每年从海洋蒸发到空中的水可达50.5万立方千米，这些水大部分都会在海洋上空凝结成雨，重新落回到海里；另一部分则会降到陆地上，之后又会从地面或地下流回海洋。如此循环往复，海里的水总是那么多。

地球上有几种水

地球上的水按照分布的空间不同，分为地表水、地下水、大气水和生物水。地表水主要指露在地面上的河流、湖泊、海洋、冰川等处的水；地下水主要是泉水和在地表以下流动的暗河，这是部分湖泊和河流的水源；大气水是大气中存在的水分；生物水就是储存在动植物体内的水分了。

生命之源永不停息

水是一切生命之源，海洋汇聚了地球上绝大部分的水，它和冰川、河流、湖泊等共同组成地球上的水体，它们持续不断的运动构成水的循环，保证了地球上生命的存在。

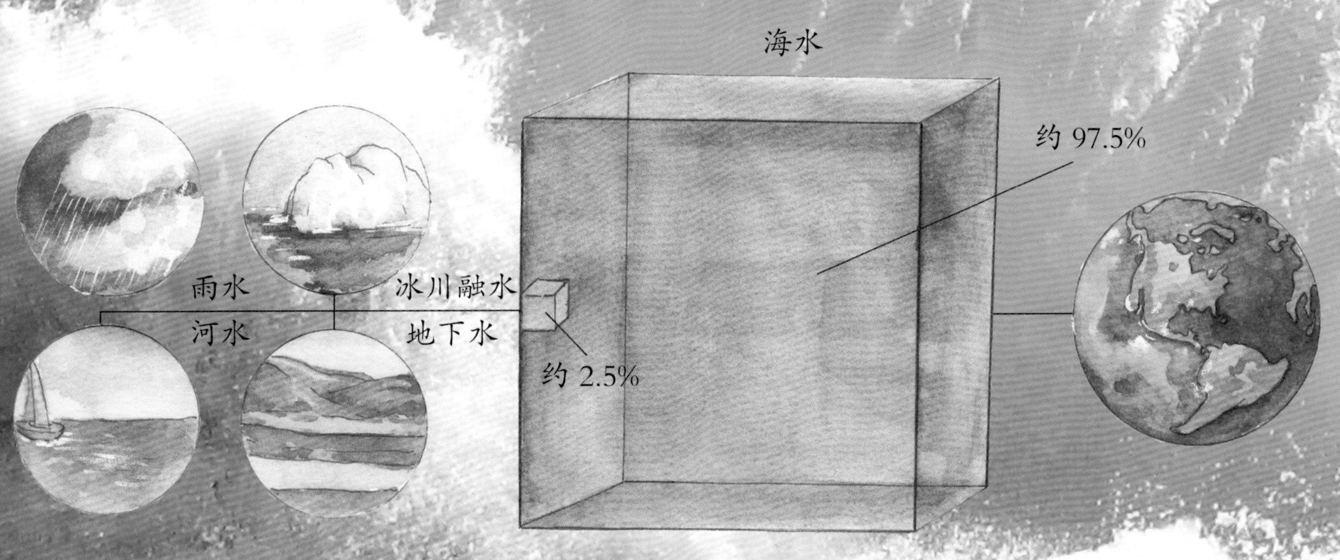

地球水体比例示意图

海水的味道

大家都知道，海水的味道是咸的，这是为什么呢？

原来，海水是盐的“故乡”，里面含有各种盐类，其中绝大部分是氯化钠，也就是我们熟知的食盐的主要成分。另外，里面还含有碳酸铜、硫酸镁，以及含钾、碘、钠等元素的其他盐类。海水里这么多的盐是从哪儿来的呢？科学家们把海水和河水加以比较，研究了雨后的土壤和碎石，得知海水中的盐是由陆地上的江河通过流水带来的。当雨水降到地面，便向低处汇集，一部分水形成水流，流入江河；一部分水穿过各种地层渗入地下，然后又在其他地段冒出来，最后都流进大海。水在流动过程中，经过各种土壤和岩层，使其分解产生各种盐类物质，这些物质随水流进大海。海水经过不断蒸发，使盐的浓度越来越高。而海洋的形成过程经历了亿万年，海水中含有这么多的盐也就不奇怪了。

大海的颜色

“蔚蓝”是最常见的描述大海的形容词，那么，大海为什么会是蓝色的？太阳光照射到海面时，一部分光被反射回来，另一部分光折射进入水中。进入水中的光线在传播过程中会被水吸收。水对光的吸收与光的波长有关，即水具有选择吸收性。水对波长较长的光吸收显著，对波长较短的光吸收则不明显。红光、橙光和黄光在不同的深度时先被吸收了，并使海水的温度升高；达到一定的深度，绿光也被吸收了；而波长较短的蓝光和紫光遇到水分子或其他微粒会四面散开或反射回来。所以当海水明净清澈时，阳光中被海水吸收最少的蓝光和紫光就反射和散射到我们的眼睛里，我们看见的大海就呈现出蓝色或深蓝色了。

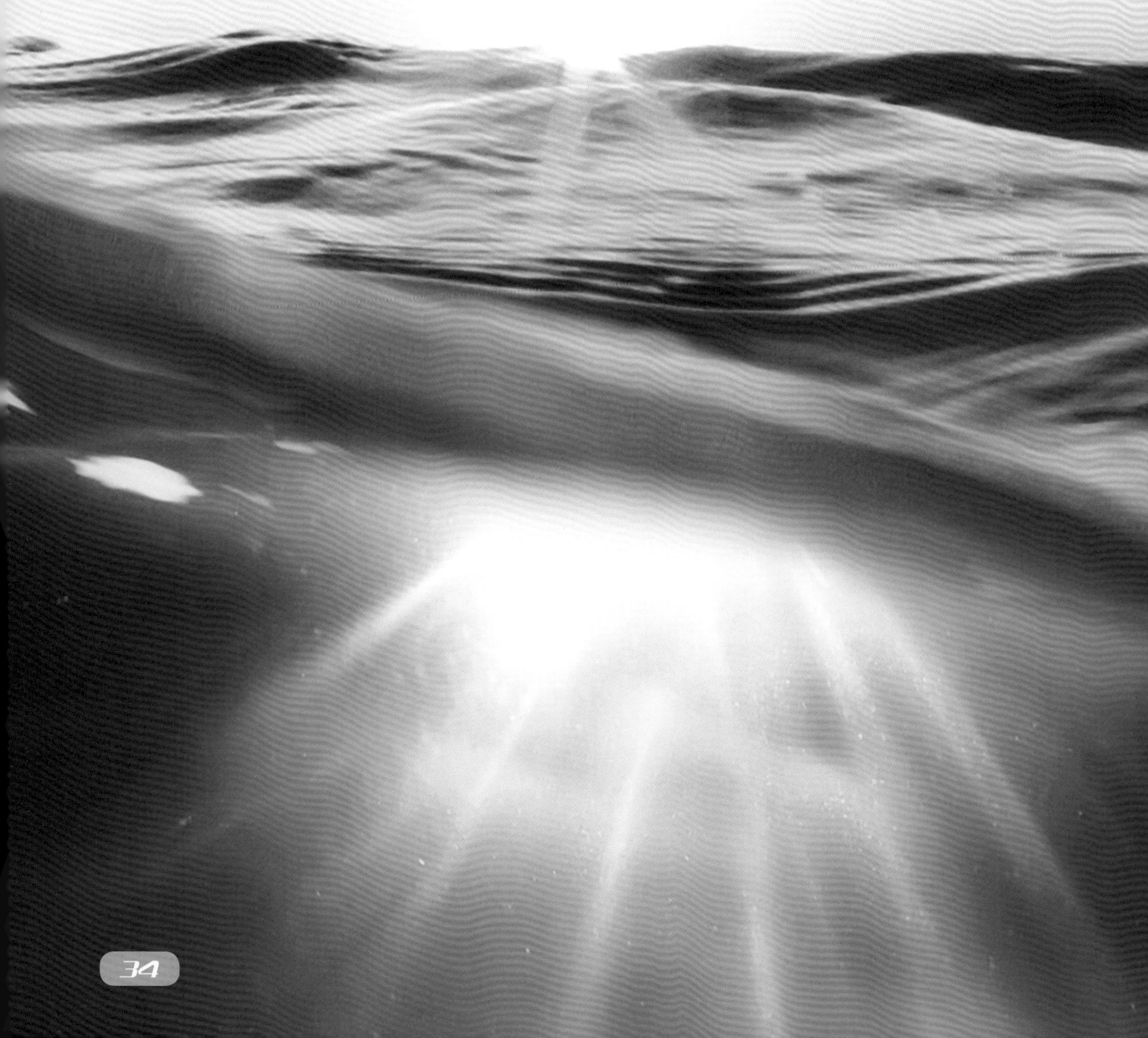

海浪

海浪是发生在海洋中的一种波动现象。人们常说“无风不起浪”“无风三尺浪”，这两种说法都没有错，海上有风没风都会出现波浪。海洋在天体引力、海底地震、火山爆发、大气压力变化和海水密度分布不均等外力和内力作用下，会形成海啸、风暴潮和海洋内波等，它们会引起海水的巨大波动，这是真正意义上的“海上无风也起浪”。

海洋波动是海水重要的运动形式之一。从海面到海洋内部，处处都存在着波动。大洋中如果洋面宽广，风速大，风向稳定，风的吹刮时间长，海浪必定很强，如南北半球西风带的洋面上，常常波涛滚滚；赤道无风带和南北半球副热带无风带海域，因风力微弱，风向不定，海浪一般都很小。

海浪是一种十分复杂的现象，研究海浪对海洋的工程建设、海洋开发、交通航运、海洋捕捞与养殖等活动具有重大意义。

海啸不光是地震引起的

最常见的波浪，因风而起，但海啸则是由地震造成的。这时候，巨大的震荡波会使海水产生剧烈的起伏，形成强大的波浪，向前推进。当这股波浪进入大陆架时，由于海底深度急剧变浅，波高突然增大，于是形成了高达几十米、具有强大破坏力的巨浪，这就是海啸。

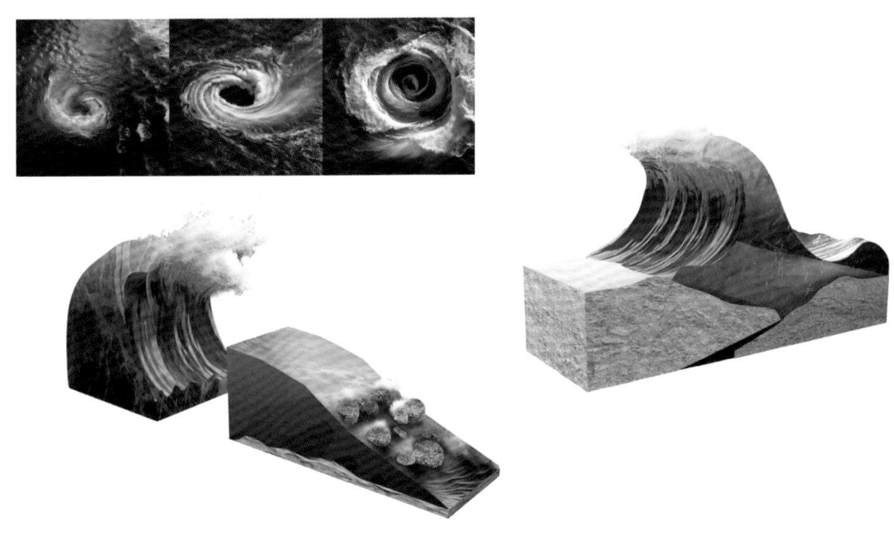

巨大而恐怖的水墙

海啸并不是放大版的普通海浪，它的波很长，需要花几分钟而非一两秒才能向前推进。它看起来像是一个超高的浪潮，涌到岸上时就像把海洋向前推进了一大步，淹没所有的东西。

潮汐

涨潮是沿海地区的一种自然现象。在中国古代称白天的涨潮为“潮”，晚上的涨潮为“汐”。潮汐的发生和太阳、月球的引力都有关系，和中国的传统农历相对应。每当农历的初一，太阳和月球在地球的一侧，所以就有了最大的引潮力，会引起“大潮”；每当农历的十五或十六，太阳和月球在地球的两侧，太阳和月球的“你推我拉”也会引起“大潮”；在月相为上弦和下弦时，即农历的初八和二十三时，太阳引潮力和月球引潮力互相有所抵消，就会发生“小潮”。所以农谚中有“初一、十五涨大潮，初八、二十三到处见海滩”的说法。

地球涨潮、落潮

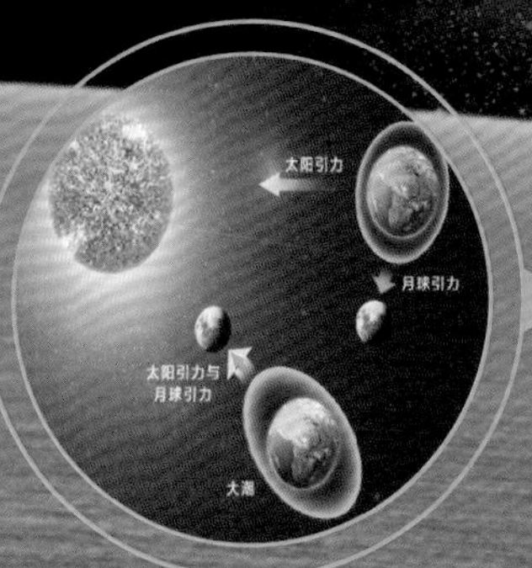

海水水位有规律的涨落叫作“潮汐”现象。海水之所以能有规律的涨落，是由于月亮与太阳对海水吸引造成的。海水是流动的液体，在引力的作用下，海洋会向吸引它的方向涌流，所以形成明显的涨落变化。

第三章 海洋生物

海洋生物——我们共同的朋友

海洋是地球生物最古老的栖息地，生命源于海洋。海洋生物种类繁多，各门类的形态结构和生理特点有很大差异。从微小的单细胞生物，到身长超过30米、体重超过190吨的鲸类。从海面到海底，从岸边到海沟，都有海洋生物的存在。海洋是地球生物最大的栖息地，生活着20多万种生物，海洋动物总质量约325亿吨，是陆地动物总质量的3.3倍。

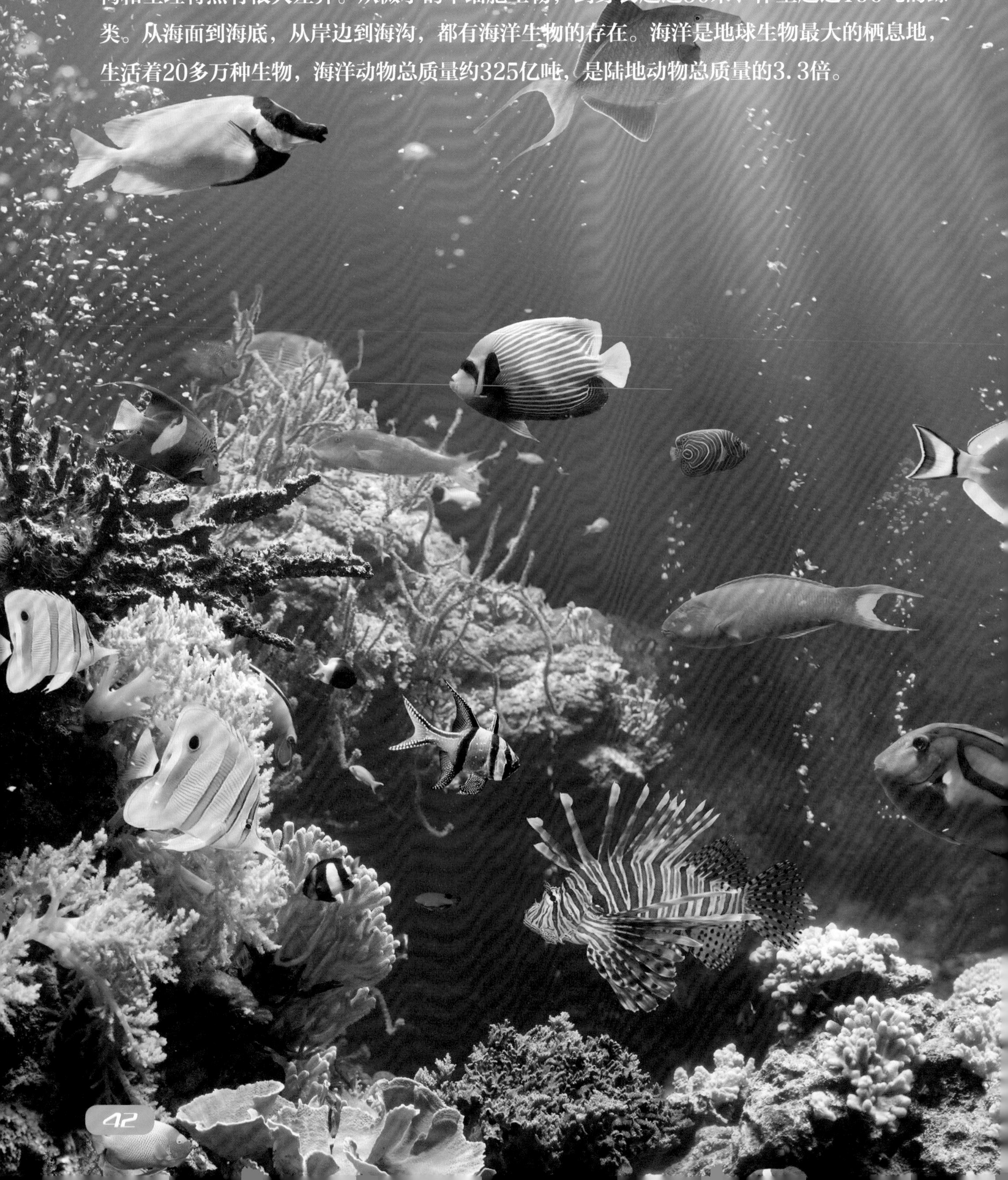

矛尾鱼——穿越亿年的时光

1938年，印度洋南非海岸的渔民用拖网捕到了一条非常奇怪的鱼。这条鱼身上的鳞片像盔甲一样坚硬，还泛着青蓝色，鱼鳍基部粗壮，看上去像是野兽的四肢，这就是矛尾鱼。矛尾鱼是一种深海鱼，因为它们的鳍棘中空，也被叫作“腔棘鱼”。矛尾鱼体表带有黏液，尖尖的鱼头坚硬无比。

长着“四肢”的鱼

说到鱼类，我们脑海中就会呈现出长满鳞片和鱼鳍的形象。可是今天说的矛尾鱼却颠覆了人们对鱼类的认知，因为矛尾鱼身下长着“四肢”。这是因为在生物进化过程中，水生生物向着陆生生物进化时鱼鳍会进化成肢状，但是不知什么原因，矛尾鱼又重新回到水里生活。

西印度洋矛尾鱼

体长：约 200 厘米	分类：腔棘鱼目矛尾鱼科
食性：肉食性	特征：鳞片坚硬，鱼鳍基部有四肢一样的结构

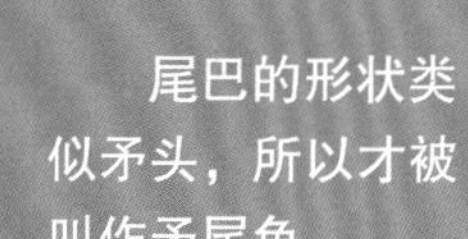
尾巴的形状类似矛头，所以才被叫作矛尾鱼。

宽大的嘴巴方便捕捉猎物。

进化的证据

矛尾鱼的祖先生活在距离我们很久远的年代，甚至可以追溯到3亿多年以前的泥盆纪。就在人们认为这么古老的生物已经灭绝时，它在1938年再次出现在人们的视线中。这种鱼被认为是陆生脊椎动物的祖先。矛尾鱼这种从鱼类向四足动物演化的中间生物，被生物学家们视为解开生物进化奥秘的有力证据。

金枪鱼——温血的“鱼雷”

金枪鱼生活在低中纬度海域，在印度洋、太平洋与大西洋中都有它们的身影。金枪鱼体形粗壮，呈流线型，像一枚鱼雷。它们有力的尾鳍呈新月形，为它们在大海中快速冲刺提供了强大的动力，是海洋中游速最快的动物之一，平均速度可达60～80千米/时，只有少数几种鱼能够和它们一较高下。鱼类大部分是冷血动物，金枪鱼却可以利用代谢使自己的体温高于外界水温。金枪鱼的体温能比周围的水温高出9℃，它们的新陈代谢十分旺盛，为了能够及时补充能量，金枪鱼必须不停地进食。它们食量很大，乌贼、螃蟹、鳗鱼、虾等各种各样的海洋生物都能成为它们的食物。

巨大的金枪鱼

2015年1月，一位女渔民钓到了她一生中遇到的最大的金枪鱼——一条重达411.5千克的太平洋蓝鳍金枪鱼。她努力了近4小时才将这条金枪鱼拖到船上。据估算，这条巨大的金枪鱼足以做出3000多罐罐头。蓝鳍金枪鱼是世界上最大的金枪鱼，它们的寿命约为40年。

蓝鳍金枪鱼	
体长：可达 2.4 米	分类：鲈形目鲭科
食性：肉食性	特征：身体呈流线型，有新月形的尾鳍

小丑鱼——鱼中的“喜剧家”

“小丑鱼”是雀鲷科海葵鱼亚科鱼的俗称。小丑鱼的颜色鲜艳明亮，相貌非常俏皮可爱，脸部及身上带有一条或两条白色条纹，好似京剧中的丑角，因此被称作“小丑鱼”。活泼可爱的小丑鱼在珊瑚中穿梭，就像是水中的精灵。小丑鱼还有一个特性，就是在小丑鱼的鱼群中总有一个位居统治者地位的雌性和几个成年的雄性，如果雌性统治者不幸死亡，就会有一个成年雄性转变为雌性，成为新的统治者，周而复始。

眼斑双锯鱼(公子小丑鱼)	
体长：约 11 厘米	分类：鲈形目雀鲷科
食性：杂食性	特征：身体橘黄色，有白色的斑纹

小丑鱼身上橘黄色和白色相间的斑纹让它们看上去非常可爱。

在几条共同生活的小丑鱼中，一条体形最大的是雌性，其他的都是雄性。

海葵带有刺细胞的触手是其他动物的陷阱，但是对小丑鱼来说则是它们温暖的家。

人们都爱小丑鱼

因为小丑鱼颜色鲜艳，活泼可爱，人们都喜欢饲养它，把它作为宠物。饲养小丑鱼非常简单，只需喂一些颗粒料、碎虾肉就可以，在前两个月需要在食物中添加一些虾青素或者螺旋藻粉，这样可以使它的颜色保持鲜艳。

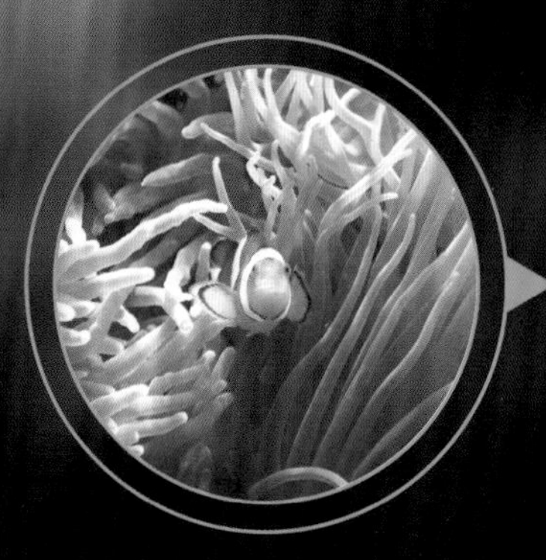

小丑鱼和海葵是如何共生的

在小丑鱼还是幼鱼的时候就会找个海葵来定居，它会很小心地从有毒的海葵触手上吸取黏液，用来保护自己不被海葵蜇伤。海葵的毒刺可以保护小丑鱼不受其他鱼的攻击，同时小丑鱼还能吃到海葵捕食剩下的残渣，这也是在帮助海葵清理身体。

雌雄同体

小丑鱼不仅长相奇特，它们还是为数不多的雌雄同体的动物，并且它们中的雄性可以变成雌性，但是雌性不能变成雄性。

大口管鼻海鳝——头上长着小管子

大口管鼻海鳝令人惊叹的外表无疑是海洋中最美的点缀之一。大口管鼻海鳝是一种生活在热带及温带地区的海水鳗鱼，主要分布于非洲东岸至土木土群岛，日本海南部至新克里多尼亚海域。大口管鼻海鳝的身体细长，平时喜欢穿梭在岩石缝隙中。大口管鼻海鳝在幼年的时候身体呈全黑色，只在下颌有一条黄白色条纹，长大后，雄鱼会变成蓝色，雌鱼则慢慢变成黄色。

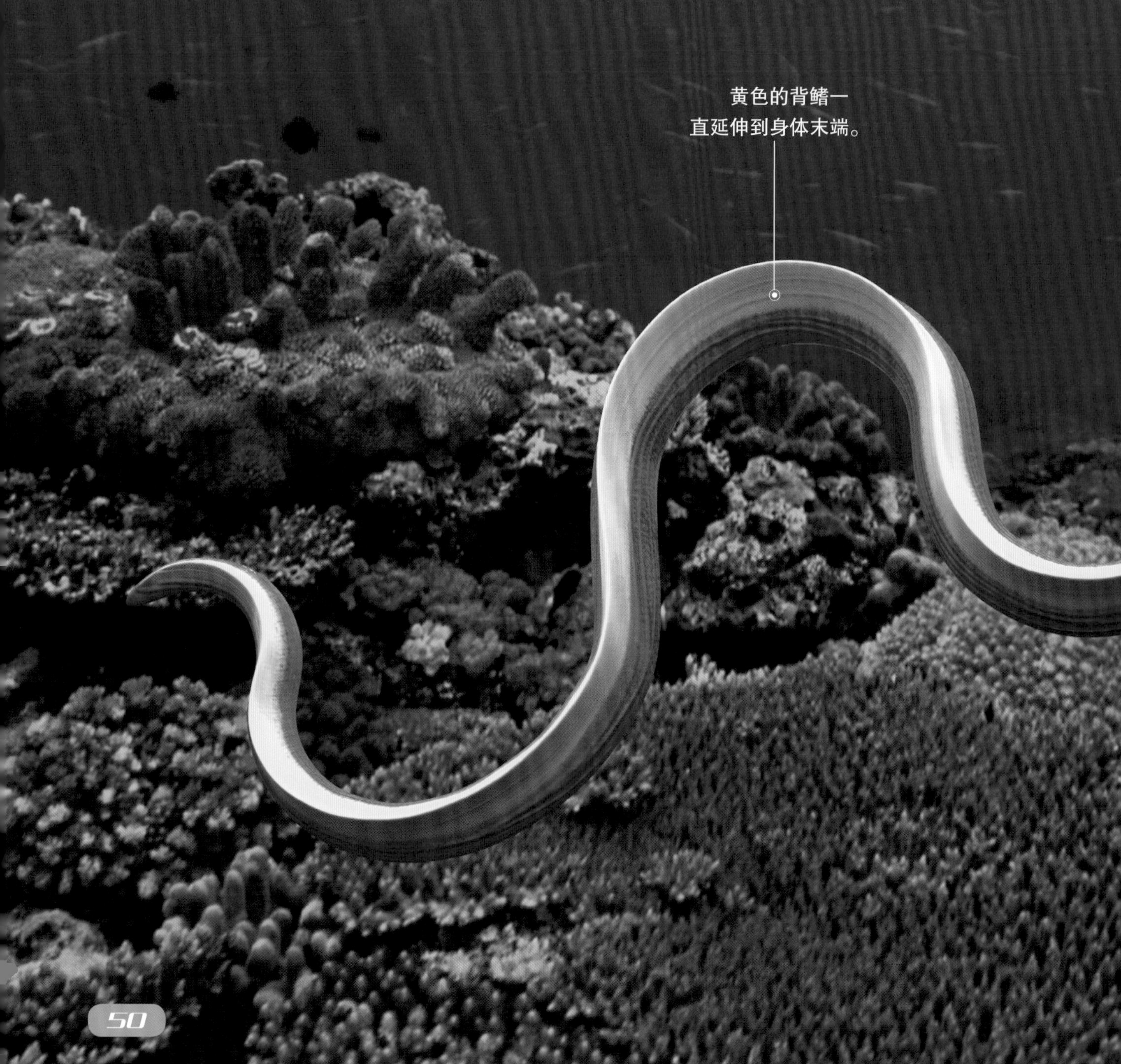

黄色的背鳍一直延伸到身体末端。

美丽的五彩鳗

大口管鼻海鳝也被人们叫作“五彩鳗”，是一种非常受欢迎的海水观赏鱼。人们在饲养五彩鳗的时候要为它们提供可以遮蔽的洞穴，它们喜欢在遮蔽物下面钻来钻去，如果没有隐蔽的空间，它们很有可能因为紧迫感而绝食。尽量不要将五彩鳗和蝴蝶鱼、神仙鱼等混在一起饲养，因为它们会去咬五彩鳗裸露的皮肤。当它们营养不良的时候，原本绚丽的皮肤也会黯淡无光，喂一些蛤肉和虾肉才能使其重现光彩。

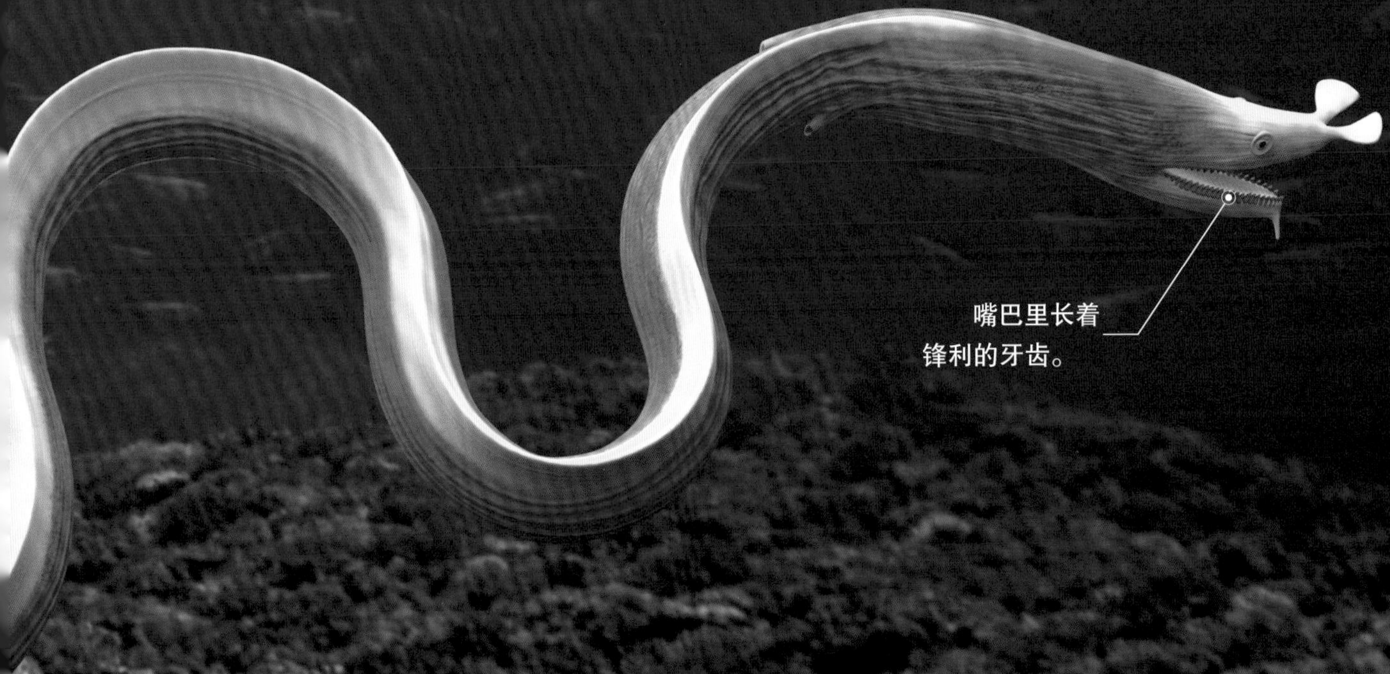

嘴巴里长着锋利的牙齿。

大口管鼻海鳝

体长：长达 130 厘米	分类：鳗鲡目鯙科
食性：肉食性	特征：身体细长，鼻孔呈管状

海鳗——锋利的牙齿

水下的世界光怪陆离，到处充斥着神秘的气息。在昏暗的海底，凶猛的海鳗可谓是水下的霸王。海鳗有着锋利的牙齿，能够适应不同的海水盐度，在珊瑚礁区域或者红树林中以及河口的低盐度水域都能看到海鳗的身影。它们的身体构造非常适合生活在环境复杂的珊瑚礁或者红树林中，柔软的身体可以自由地在障碍物之间蜿蜒穿行，像蛇一样。它们是凶猛的肉食性鱼类，游速极快，喜欢栖息于洞中，经常在夜间出没捕食，虾、蟹、鱼等都是它的美味。

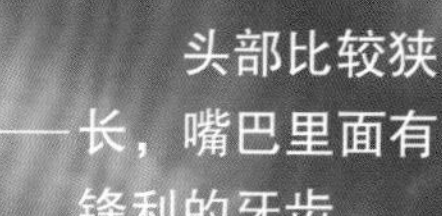
头部比较狭长，嘴巴里面有锋利的牙齿。

合作捕猎方式

有一些记录认为海鳗和石斑鱼是捕猎时的合作伙伴，它们属于两个不同的物种，这在动物界是十分罕见的。石斑鱼向海鳗发出信号，如果海鳗接受了石斑鱼的邀请，它们在捕猎中将分担不同任务，相互沟通从而达成合作。石斑鱼在礁石外围将小鱼逼近礁石的缝隙；海鳗负责捕捉岩缝中的鱼，并且将鱼从缝隙中赶出去，逃出去的小鱼就成了石斑鱼的美味。海鳗隐藏在珊瑚礁中，石斑鱼则在外围游荡，它们合作捕猎的成功率要比单独行动时高得多。不过这种合作方式是否存在依然有待研究人员的证实。

背鳍一直延伸到尾部末端。

柔软的身体表面布满了黏液，黏液具有保护自己的作用。

与裸胸鳝不同，海鳗是有胸鳍的。

海鳗

体长：约 40 厘米	分类：鳗鲡目海鳗科
食性：肉食性	特征：嘴巴比较大，嘴里有锋利的牙齿

皇带鱼——神秘的“大海蛇”

在太平洋和大西洋的温暖海域深处，游荡着世界上最长的硬骨鱼——皇带鱼。皇带鱼的头比较小，身上没有鳞片，全身呈亮银色，有着鲜红色的鱼鳍，非常漂亮。皇带鱼呈笔直的姿态游泳，它们捕捉猎物是用吸入的方式，突然张开嘴巴，把磷虾或者其他小动物吸进嘴巴里。皇带鱼的身体呈长带形，所以也常常被渔民和水手们误认为“大海蛇”。因为皇带鱼的出现经常伴随着地震或者海啸，所以人们也把它们叫作“恶魔的使者”。

世界上最长的硬骨鱼

我们知道，鱼类主要分为软骨鱼和硬骨鱼两大类。牛鲨和大白鲨等都属于软骨鱼，皇带鱼则属于硬骨鱼，并且它还是硬骨鱼中身长最长的一种。

前端背鳍的鳍条延长，呈丝状。

背鳍从头顶一直延伸到身体末端。

腹鳍是一对丝状的鳍条，看上去非常飘逸。

皇带鱼

体长：最长可达 1500 厘米	分类：月鱼目皇带鱼科
食性：肉食性	特征：身体非常长，鳍为红色

雷达鱼——背上有“天线”

印度洋和太平洋的珊瑚礁海域是一片彩色的世界，这里生存着许多美丽的小天使。在美丽的珊瑚礁中就生活着一种可爱的雷达鱼。它们身体呈圆筒形，背鳍一分为二，第一背鳍耸立为丝状，很像雷达的天线，雷达鱼的名字也就是由此得来。雷达鱼的正式名称叫作“丝鳍线塘鳢”，它们的颜色艳丽，吻部为黄色，身体呈白色，尾部为鲜红色，眼睛紧靠身体两端，就像水中的小精灵。雷达鱼是杂食性鱼，主要吃水中漂流的浮游生物和小虫。

雷达鱼身体瘦长，看上去比较柔弱。在晚上它们会躲进岩石的缝隙中休息。

背部高高耸立的背鳍是它们的“天线”，也是其被叫作雷达鱼的原因。

胆小的雷达鱼

雷达鱼名字听起来很威风，但它们是胆小鬼。它们一生都生活在恐慌之中，平时也是一惊一乍的，如果有游速很快的鱼从身边游过，它们就会吓得躲藏起来。

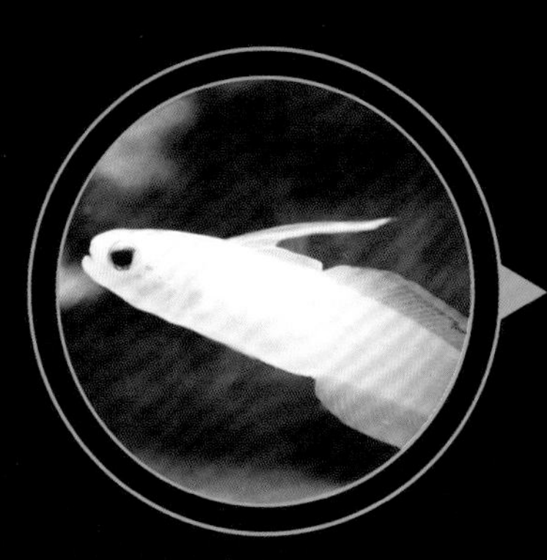

背上有“天线”

雷达鱼的背鳍“天线”对它们来说是一种报警工具。它们成群生活时，一旦发现危险，就会迅速摆动“天线”向同伴发出信号，通知大家迅速离开。

丝鳍线塘鳢（雷达鱼）

体长：7 ～ 9 厘米	分类：鲈形目凹尾塘鳢科
食性：杂食性	特征：身体呈白色，尾部为鲜红色，背部有一根细长的背鳍

镰鱼——海中“神像”

印度尼西亚及澳大利亚西部的珊瑚礁海域，是一个色彩缤纷的世界，这里住着一种美丽的鱼——镰鱼。镰鱼又叫“神像”或者“海神像”，是镰鱼属的唯一一种鱼。它们非常漂亮，全身由黑、白、黄三大色块组成，加上高昂的背鳍，向人们展现出了一种高贵典雅的气质，是海洋中美丽的观赏鱼。镰鱼们喜欢栖息在干净的珊瑚礁边缘，夜间躲在水底睡觉，体色也会随周围的环境而变暗。

马夫鱼是镰鱼吗

有一种鱼与镰鱼很像，长着黑白相间的花纹，外形也与镰鱼非常相似，它们就是马夫鱼。不过镰鱼属于镰鱼科，马夫鱼则属于蝴蝶鱼科，它们是两种不同的鱼。它们体形都是侧扁状，脊背都是高高隆起，颜色也都是由黑、白和明亮的黄组成，但是马夫鱼的鳞片要比镰鱼大得多，同时镰鱼有一个管状的嘴巴，而马夫鱼的嘴巴虽然尖尖的，但不呈管状。

镰鱼	
体长：约 26 厘米	分类：鲈形目镰鱼科
食性：杂食性	特征：嘴巴呈管状，身体主要有黑、白、黄三种颜色

蝴蝶鱼——珊瑚中的“蝴蝶”

蝴蝶鱼广泛分布于世界各温带和热带海域，大多数生活在印度洋和西太平洋地区。蝴蝶鱼体形较小，是一种中小型的鱼，其特征是在身体的后部长有一个眼睛形状的斑点。蝴蝶鱼大多有着绚丽的颜色，有趣的是，它们的体色会随着成长而发生变化，即使是同一种蝴蝶鱼，幼年和成年的时候也“判若两鱼”。

蝴蝶鱼一般在白天出来活动，寻找食物、交配，到了晚上就会躲起来休息。它们行动迅速，胆子小，受到惊吓会迅速躲进珊瑚礁中。蝴蝶鱼的食性变化很大，有的从礁岩表面捕食小型无脊椎动物和藻类，有的以浮游生物为食，有的则非常挑食，只吃活的珊瑚虫。

身体后面长了眼睛吗

一些种类的蝴蝶鱼身体后半部分长着一个扭曲的眼状斑点，这个斑点和眼睛很像，但却长在和眼睛相反的位置。为了弄清这个斑点的作用，科学家们利用一些肉食鱼进行了实验，结果发现这些肉食鱼通常会主动攻击模型上带有眼斑的一端。因此科学家认为蝴蝶鱼的眼点主要是引诱敌人找错攻击位置的，这样能够增加被攻击后的幸存概率。

三间火箭蝶

体长：约 20 厘米	分类：鲈形目蝴蝶鱼科
食性：肉食性	特征：身体上有橙黄色的条纹，后部有一个黑色斑点

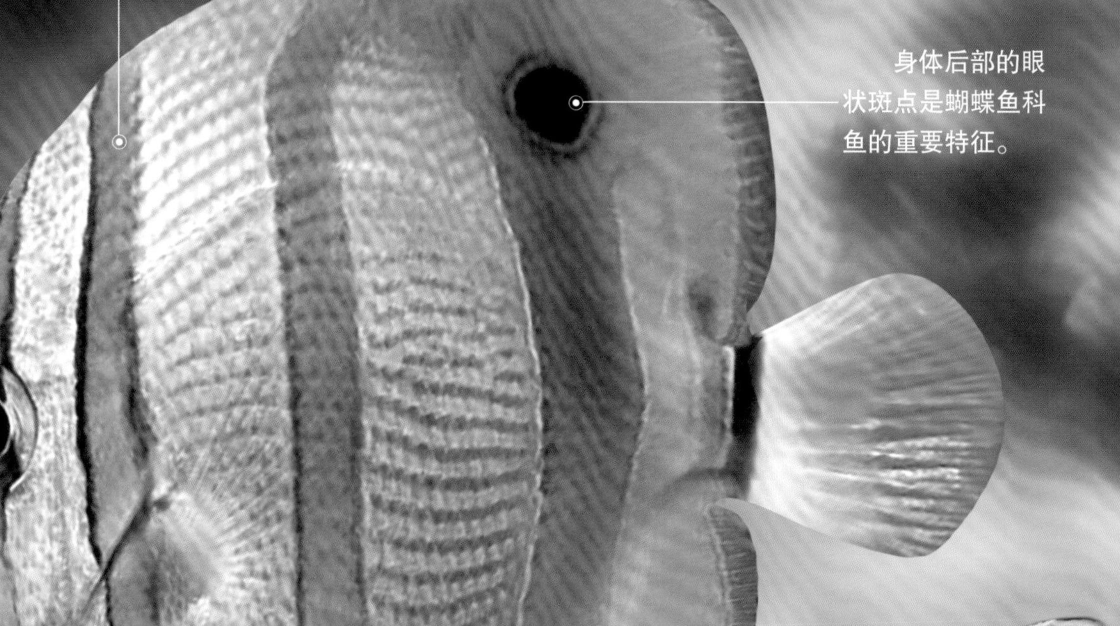

身体上有从上到下贯穿身体的条纹。

身体后部的眼状斑点是蝴蝶鱼科鱼的重要特征。

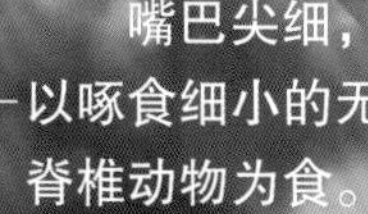

嘴巴尖细，以啄食细小的无脊椎动物为食。

蝴蝶鱼的恋爱史

蝴蝶鱼不像其他鱼那样成群结队地求偶，它们很专注，通常都是一对一地求偶。体形较大的雄鱼会引诱雌鱼离开海底，然后雄鱼会用自己的头和吻部去碰触雌鱼的腹部，再一起游向海面，在海面排卵、受精，然后再返回海底。受精卵一天半就可以孵化，但初生的幼鱼需要在海上漂浮一段时间才会回到海底的家。

石斑鱼——珊瑚礁中的“猎人”

石斑鱼的种类繁多，但它们体态基本相似。我们所说的石斑鱼指的是石斑鱼亚科中的各种鱼，它们大部分体形肥硕，有着宽大的嘴巴。有些石斑鱼比较特别，它们的鱼鳞藏在鱼皮下面，被称为“龙趸”。

不同种类的石斑鱼体表颜色和花纹也是不一样的，它们的体色可以在不同的年龄和不同的环境条件下发生很大的变化。石斑鱼是肉食性的凶猛鱼，常常捕食甲壳类、小型鱼和头足类。因为石斑鱼喜欢躲藏在安静的洞穴中，所以食物丰富、地形复杂的珊瑚礁区域是它们最喜欢的栖息地了。

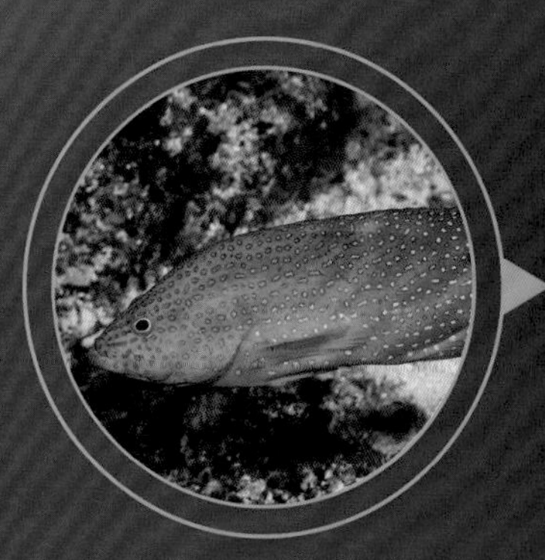

大名鼎鼎的“东星斑”

在珊瑚礁海域也生活着一些中小型的石斑鱼，它们不仅味道鲜美而且色彩艳丽，体态优雅，除了食用，也常常被当作高贵的观赏鱼。豹纹鳃棘鲈又被叫作“东星斑”，它们身上遍布着美丽的黑边蓝色小斑点，大多体色鲜红，也有橄榄色的品种，不过人们都喜欢喜庆的红色，所以红色的价格相对较高。

石斑鱼平时躲藏在珊瑚礁的岩洞中，当有猎物经过附近的时候就会出来攻击。

橙点石斑鱼

体长：约 76 厘米	分类：鲈形目鮨科
食性：肉食性	特征：嘴巴宽大，身上有斑点

石斑鱼的繁殖

在自然界中，有一些动物可以随着生长而转换性别，石斑鱼就是其中之一。刚刚成熟的石斑鱼都是雌性，而成熟的雌性可以在第二年转换成雄性。不同的石斑鱼有不同的繁殖习性。有的石斑鱼，例如鲑点石斑鱼属于分批产卵型，同一个卵巢中具有不同发育阶段的卵母细胞，在一个繁殖周期内，卵子能分批成熟产出。还有一些石斑鱼则是属于一次产卵类型。

橙点石斑鱼的身上有很多橙红色的斑点。

与其他石斑鱼一样，橙点石斑鱼也有着一张大嘴巴。

刺鲀——浑身是刺的鱼

刺鲀广泛分布于世界各地的热带海域。之所以叫它们刺鲀，是因为它们身上的鳞片都演化成了一根一根的硬刺。全身布满棘刺的刺鲀也掩饰不了它们呆萌的神态。刺鲀的上下牙进化成一枚发达的齿板，中间没有缝隙，看上去就像两颗门牙，因此刺鲀科也被叫作“二齿鲀科”它们的咬合力相当惊人，可以轻松咬碎贝类的外壳。

被骚扰的刺鲀

在热带的旅游区，游客很容易就能见到野生的刺鲀。由于刺鲀鼓起来的时候看上去很有趣，因此许多游客一次又一次地骚扰它们，让刺鲀膨胀起来。但是刺鲀的每次膨胀都是对自身的极大伤害，膨胀的次数多了会使它们体内的气囊破裂，造成体内的空气无法排出体外，使刺鲀无法正常地下沉到海里，只能孤单地漂浮在海面上，忍受太阳的暴晒直到死去。

球刺鲀	
体长：可达 40 厘米	分类：鲀形目二齿鲀科
食性：肉食性	特征：身体表面覆盖着尖刺，可以竖起来防御敌人的攻击

即使鼓成了“刺球”，刺鲀的鳍也能辅助它进行游泳。

刺鲀在平时并不是鼓起来的，只有在它们遇到危险或者被骚扰的时候才会胀成一个“刺球”。

刺鲀的尖刺平时是贴在身体表面的。

箱鲀——长得像盒子

在绚丽多彩的珊瑚丛中，有一种鱼叫作箱鲀，因为它们最大的特点就是身体的大部分都包在一个坚硬的箱状保护壳内，所以人们更加形象地称之为“盒子鱼”。在漫长的演化进程中，箱鲀没有选择飞快的游速和流线型的体态，而是换上了坚固的盔甲和危险的毒素保护自己。

笨拙的箱鲀如何控制自己

箱鲀没有流线型的身材，也没有迅猛的速度，它们笨得像一块吐司面包，这样的身材要如何在水下保持稳定性和机动性呢？那就要靠它们身上那些不起眼的鱼鳍了。在游泳时，它们会不停地摆动尾鳍和胸鳍，就像小鸟扇动翅膀一样，借此箱鲀可以毫不费力地控制自己的稳定性，还能进行短距离的加速游泳呢！

粒突箱鲀	
体长：约 46 厘米	分类：鲀形目箱鲀科
食性：肉食性	特征：身体像一个箱子，有坚硬的鳞片

玉石俱焚的毒素

漂亮的东西往往有毒，箱鲀体表色彩明亮艳丽，还带有斑点，这同样是对侵犯者的一种警告。当它们受到伤害，或者感到危险的时候就会迅速释放一种箱鲀科鱼类特有的神经毒素，这种溶血性毒素存在于它们体表的黏液中。毒素一旦被释放出来，那么在这片水域的所有鱼都有可能会中毒甚至死亡，这其中当然也包括它们自己，所以使用超级武器也是有风险的。

在小小的嘴巴里有锋利的牙齿，能咬碎甲壳动物的外壳。

箱鲀的身体表面有明亮艳丽的颜色和斑点，用来警告捕食者它们体内含有剧毒。

弹涂鱼——离开水的鱼

潮水退去，红树林的泥滩上有一些小鱼在蹦蹦跳跳，有的还在爬行，它们是搁浅了吗？其实它们并没有搁浅，这些小鱼的家就在这里，它们的名字叫作弹涂鱼。

弹涂鱼生活在靠近岸边的滩涂地带，它们生命力顽强，能够生存在恶劣的水质中。只要保持湿润，弹涂鱼离开水后也可以生存。在陆地上它的鳍起到了四肢的作用，可以像蜥蜴一样爬行。在急躁或者受到惊吓时，它们还可以用尾巴敲击地面，让自己跳跃起来。每到退潮时就会看到一群弹涂鱼在滩涂地带的泥滩上跳跃、追逐，是非常有趣的。

大弹涂鱼	
体长：约 20 厘米	分类：鲈形目虾虎鱼科
食性：杂食性	特征：身体呈褐色，有蓝色的斑点

弹涂鱼的洞

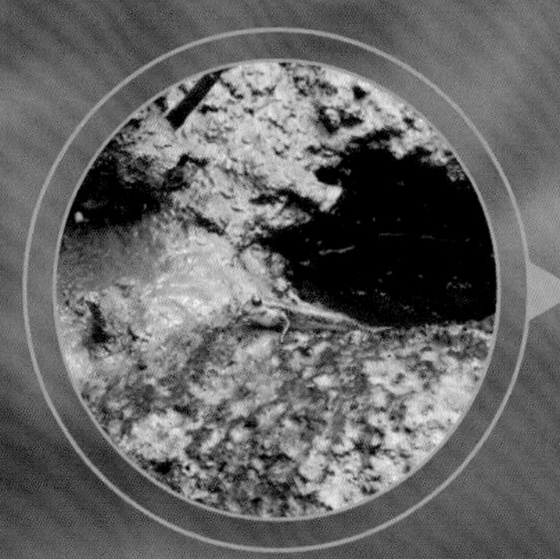

退潮以后滩涂很快就会干涸，弹涂鱼不能离开水太久，因此它们需要一个洞来帮助呼吸。它们会在滩涂上挖洞，一直挖到水线以下然后再挖上来，整个洞呈“U”字形。这个洞除了可以避难和提供氧气以外，还可以当抚育室。但是当弹涂鱼把卵安放在洞里的时候，常常会发生缺氧的状况，所以成年的弹涂鱼不得不一口一口地往洞中吹气。在退潮时，洞口会被淹没，清理洞口也是非常必要的，因此弹涂鱼为了生存每天要不停地忙碌。

弹涂鱼吃什么

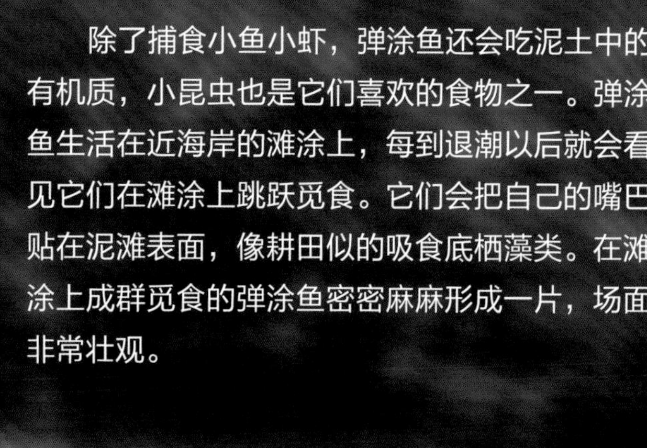

除了捕食小鱼小虾，弹涂鱼还会吃泥土中的有机质，小昆虫也是它们喜欢的食物之一。弹涂鱼生活在近海岸的滩涂上，每到退潮以后就会看见它们在滩涂上跳跃觅食。它们会把自己的嘴巴贴在泥滩表面，像耕田似的吸食底栖藻类。在滩涂上成群觅食的弹涂鱼密密麻麻形成一片，场面非常壮观。

鳃部鼓起，里面可以储存空气和水。

弹涂鱼的胸鳍可以用来爬行。

水滴鱼——最丑的鱼

什么是水滴鱼？它们长着水滴状的身体，没有骨头，没有鱼鳔，身体呈软软的凝胶状，长相还十分丑陋，是世界上最丑的鱼。有趣的是，英国的丑陋动物保护学会还要将它们作为其官方吉祥物。无骨的水滴鱼在水下的游速非常缓慢，所以当它们在面临捕捞时无法及时逃脱，这也使它们原本就稀少的种群数量遭受到越来越大的威胁。

软隐棘杜父鱼（水滴鱼）

体长：约 30 厘米	分类：鲉形目隐棘杜父鱼科
食性：杂食性	特征：肉体呈凝胶状，看上去非常“忧伤”

水滴鱼生长在什么环境中

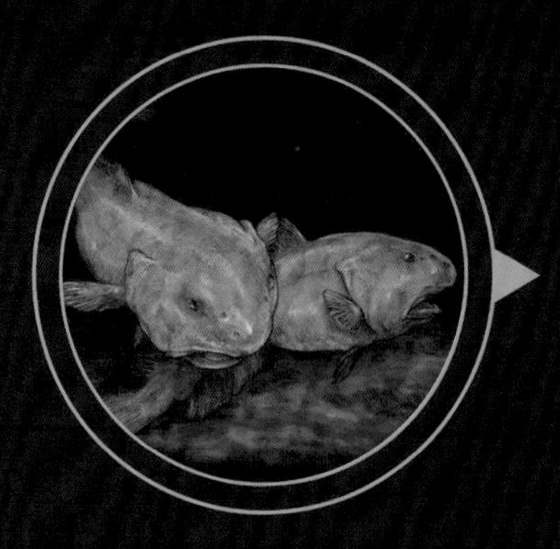

水滴鱼是一种很罕见的深海鱼，它们分布于澳大利亚和塔斯马尼亚沿岸，在600～1200米深的海底活动，那里水压比海平面要高出数十倍，这是人类很难到达的极限，所以它们的栖息地鲜为人知。由于生活在这样的环境中，鱼鳔很难发挥它们原本的作用，因此能够在水中保持浮力就靠它们特殊的皮肤了。水滴鱼浑身由密度比水小的凝胶状物质构成，这种特殊成分使它们可以毫不费力地从海底浮起。

水滴鱼的肌肉呈凝胶状，给人一种软塌塌的感觉。

因为看上去非常忧伤，也有人把它们称为“忧伤鱼”。

旗鱼——最快的鱼

它们身形似剑，尾巴弯如新月，吻部向前突出像一把长枪，最具标志性的特点就是它们发达的背鳍，高高的背鳍就像是船上扬起的风帆，又像是被风吹起的旗帜。它们是海洋中游泳速度最快的鱼。它们就是旗鱼。

旗鱼性情凶猛，游泳敏捷迅速，能够在辽阔的海洋中像箭一般疾驰。它们是海洋中凶猛的肉食性鱼，常以沙丁鱼、乌贼、秋刀鱼等中小型鱼为食。旗鱼大多分布于大西洋、印度洋及太平洋等水域，属于热带及亚热带大洋性鱼，具有生殖洄游的习性。

剑形的吻部是旗鱼用来捕猎和攻击敌人的最好武器，甚至能将木船刺出一个洞来。

大西洋旗鱼

体长：约 300 厘米	分类：鲈形目旗鱼科
食性：肉食性	特征：吻部呈剑形，背鳍像一面旗子

背鳍像一面旗子，
是旗鱼的典型特征。

修长的身体非
常适合在水中高速
前行，当它们快速
游动的时候，背鳍
是收起来的。

旗鱼的速度有多快

天上的雨燕飞得最快，陆地上的猎豹跑得最快，那么海里的什么动物游得最快呢？游泳界的冠军那一定非旗鱼莫属了，它们可是吉尼斯世界纪录中速度最快的海洋动物，最快速度可达每小时190千米！旗鱼的吻部像一把长剑，可以将水向两边分开；背鳍可以在游泳时放下，减少阻力；游泳时用力摆动的尾鳍就好像船上的推进器；加上它们流线型的身躯，这些结构特点使它创造出游速的最高纪录。

沙丁鱼——数量庞大的小鱼

沙丁鱼属于近海暖水性鱼，它们主要分布于南北纬20°~30° 的温带海洋水域中。沙丁鱼是一类细长的银色小鱼，体长约30厘米，以浮游生物为食。它们游速飞快，通常栖息于中上层水域，只有冬季气温较低时才会出现在深海。沙丁鱼们冬季向南洄游，春季向近海岸做生殖洄游。它们的产卵量很大，一条成熟的沙丁鱼的总产卵量在10万颗左右。但是它们的存活率极低，有些受精卵会在孵化期死亡。

沙丁鱼风暴

到了夏季，在靠近非洲大陆南端的大海中，聚集着密集而又庞大的沙丁鱼群，它们沿着海岸线义无反顾地向北进发。包括鲨鱼、海鸟、海豚在内的各种各样的捕食者也蜂拥而至，呈现出一场充满力量和杀戮的视觉盛宴。沙丁鱼群一会儿形成一面十几米高的墙挡住你的去路，一会儿又像龙卷风一样向你袭来。当你置身于数以万计的沙丁鱼风暴中时，你才能身临其境地感受到它们所带来的震撼。因此在沙丁鱼大量聚集的季节，有很多游客会前往当地，一睹沙丁鱼风暴的壮观景象。

对抗毒气的沙丁鱼

别看沙丁鱼的体形较小，它们在生态系统中可是起到了巨大的作用。它们可以帮助人类清除海岸附近的大量有毒气体。在纳米比亚地区，近海海域的浮游植物大量繁殖，并且沉入海底腐败放出含有硫化物的有毒气体。但是数百万条饥饿的沙丁鱼吃掉了大量的浮游植物，有效地减少了有毒气体的产生，还能够缓解气候变暖，对整个生态系统都有着深远的影响。

身体上有一些黑色的小斑点。

沙丁鱼

体长：约 30 厘米	分类：鲱形目鲱科
食性：杂食性	特征：身体银白色

管口鱼——长长的嘴巴像管子

管口鱼广泛分布于印度洋、太平洋等热带海域。其身体呈长条状，侧面扁平，嘴部细长呈管状，因此得名管口鱼。管口鱼一般情况下为褐色，根据它们藏身的海藻或珊瑚礁区域，还会变成橘红色、棕色或者黄色

背鳍和臀鳍
在身体的后部。

管口鱼捕食方式

管口鱼以吃小鱼为生。但它们体形弱小，游速缓慢，又没有锋利的牙齿，所以即使是捕捉小鱼也会有很高的难度，填不饱肚子的情况经常发生。当然，它们也绝不会心甘情愿地挨饿，管口鱼有个很特别的捕食方式，它们会偷偷地依附于其他大型鱼身边，与它们共游，捕食从身边经过的小鱼。整个生态系统都有着深远的影响。

中华管口鱼

体长：约 80 厘米	分类：刺鱼目管口鱼科
食性：肉食性	特征：吻部细长，呈管状

颏部有触须，可以用来寻找食物。

胸鳍比较小。

管口鱼科

管口鱼科体形都是呈稍扁的长杆状，吻部则是长管状。它们浑身披着小栉鳞，背鳍带有硬棘，臀鳍无硬棘，胸鳍短小，背鳍呈菱形或圆形。管口鱼科全世界只有一属，其下有三个品种，分别是中华管口鱼、斑点管口鱼和细管口鱼。管口鱼科有着自己独特的觅食方式，就是利用其管状的吻部吸取小型无脊椎动物和小鱼等。它们的体色会随着环境有相应的变化。

海马——模范爸爸

海马是一种生活在海藻丛或珊瑚礁中的小型鱼，因为头部的外观看起来和马相似而得名。海马用吸入的方式捕食，一般在白天比较活跃，到了晚上则呈静止状态。

海马通常喜欢生活在水流缓慢的珊瑚礁中，大多数海马生活在河口与海的交界处，能够适应不同盐度的水域，甚至在淡水中也能存活。海马游不快，它们的行动非常缓慢，通常用它们卷曲的尾巴缠绕在珊瑚或海藻上以固定自己，以免被水流冲走。

身体表面的皮肤比较坚韧。

奇特的繁殖方式

海马是一种由雄性完成生育过程的动物。雄性海马的腹部长有育子囊，繁殖期时，雌海马会将卵子排到育子囊中，然后由雄海马给这些卵子受精，雄海马会一直将这些受精卵放在育子囊里，等待小海马孵化出来长到可以自立的时候，再把这些幼崽释放到海里。

三斑海马	
体长：约 15 厘米	分类：刺鱼目海龙科
食性：肉食性	特征：头部类似马头，依靠背鳍和胸鳍游泳

海马的嘴巴像一根管子，它们利用这根管子将微小的浮游生物吸进嘴里。

海马的背鳍是它们游泳的主要动力。

尾巴很灵活，能钩住水草或者其他东西来固定自己。

海马的运动方式

海马可以将身体直立于水中，它们靠背鳍和胸鳍以每秒10次的高频率摆动来完成在水中站立和游泳。不过它游泳的速度非常慢，每分钟只能游1～3米。

叶海龙——高超的伪装大师

在澳大利亚南部和西部浅海的海藻丛中，生活着世界上最高超的伪装大师——叶海龙。它们的整个身体都与海藻丛融为一体，如果不仔细观察的话，你只能看到一丛丛随着海流摇曳的海藻。

叶海龙是海洋世界中最让人惊叹的生物之一，它们拥有美丽的外表和雍容华贵的身姿，主要生活在比较隐蔽和海藻密集的浅水海域，身上布满了海藻形态的"绿叶"。这些"绿叶"其实是其身上专门用来伪装的结构，在海水的带动下，身上的"叶子"随着水流摆动，泳态摇曳生姿，真可以称得上是世界上最优雅的泳客。

雄性生宝宝

叶海龙和海马一样，由雄性承担孕育和孵化小叶海龙的职责。每到它们交配的时候，雌性叶海龙就会把排出的卵转移到雄性叶海龙尾部的卵托上，雄性会小心翼翼地保护好自己的卵宝宝。大概6～8周之后，雄性叶海龙将卵孵化成幼体叶海龙。但令人惋惜的是，在残酷的大自然中，只有大约5%的卵能够幸运地存活下来。幼年叶海龙一出生就完全独立了，它们吃一些小的浮游动物。

嘴巴呈管状，用以吸取捕捉小型甲壳动物。

眼睛可以自由转动。

小小的背鳍是它们主要的动力来源之一。

身上有很多像叶片一样的凸起物。

雄性叶海龙将受精卵附着在这里，等待它们孵化。

叶海龙	
体长：约 45 厘米	分类：海龙目海龙科
食性：肉食性	特征：身体上有大量的海藻状结构，非常美丽

嘴巴前部的头鳍很灵活，能帮助蝠鲼进食。

蝠鲼的鳃的开口在身体的腹部侧面。

蝠鲼——海中“魔鬼鱼”

蝠鲼也叫“魔鬼鱼”或“毯魟”，它们的身体扁平宽大，呈菱形，最宽可达8米，体重可达1500千克。蝠鲼的胸鳍肥大如翼，背鳍小，嘴的两边还有一对由胸鳍分化出来的头鳍。蝠鲼的尾巴细长如鞭，它们还有一张宽大的嘴巴，嘴巴里布满了细小的牙齿。蝠鲼的样子就像阿拉丁的飞毯，在水中游泳的姿势也很像是在空中滑翔。因为它们的样子怪异，所以很多人都无法将它们和鱼类联想在一起，其实它们早在中生代侏罗纪时就已经出现在海洋中了，一亿多年间，它们的模样都没有太大的变化。

双吻前口蝠鲼	
体长：约 700 厘米	分类：鲼形目蝠鲼科
食性：杂食性	特征：身体扁平，嘴巴宽大

蝠鲼怎么生宝宝

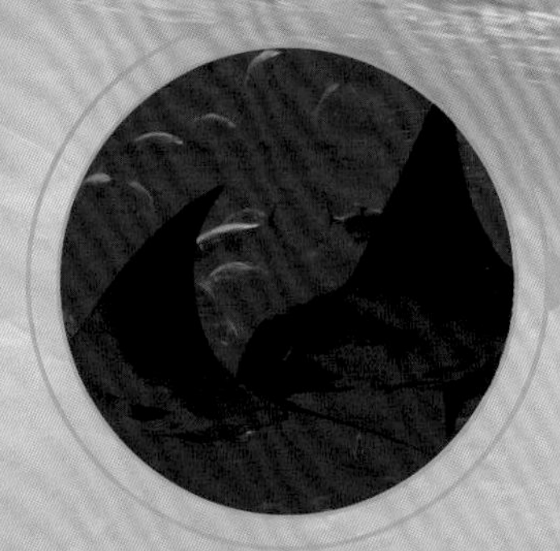

在繁殖季节，蝠鲼会成群结队地游向浅海区。雄性的体形较小，它们会尾随在体形较大的雌性身后。此时雌性的游速比平时快，游过半小时之后，速度减慢，雄性会游到雌性身下完成交配。之后雄性离开，雌性蝠鲼会等待第二个追求者。雌性蝠鲼也是很有原则的，它们最多接受两个追求者，最终留下一两颗受精卵在体内发育。大约需要13个月，小蝠鲼就会从母亲体内产出，不久就可以自力更生了。

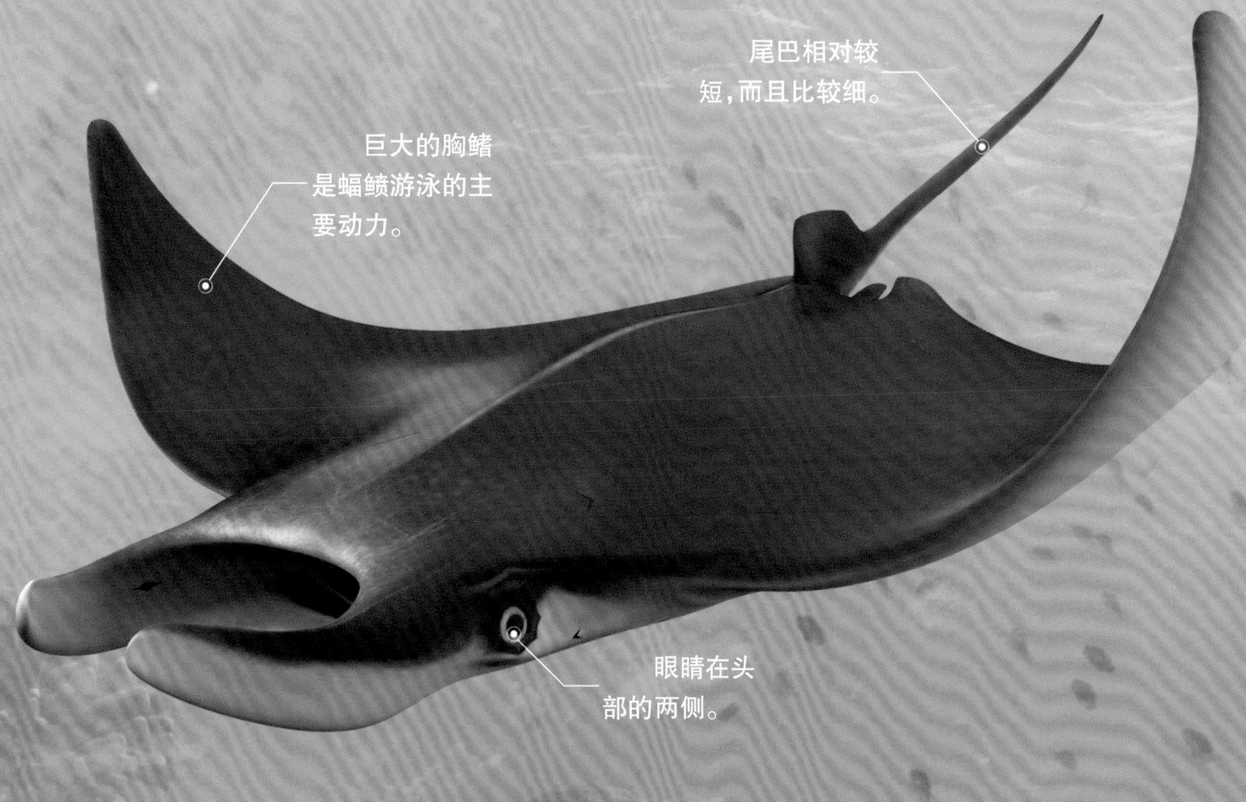

什么是“魔鬼鱼”

蝠鲼被人们称作“魔鬼鱼”，一方面是因为它们的外表丑陋，个头很大而且力气惊人，一旦发起怒来，巨大的肉翅一拍，就会把人击伤，就连潜水员也会害怕。另一方面是因为蝠鲼的习性非常怪异，它性格活泼，常常搞怪。有时候会故意藏在海中小船的底部，用身体敲打船底，还会调皮地将自己挂在船的锚链上，跟着船游来游去，让渔民以为有“魔鬼”在作怪。

鲸鲨——温柔的海中大鱼

鲸鲨在海洋中优雅地游弋了千万年，它们华丽的礼服就像璀璨的群星点亮了深蓝色的海洋。鲸鲨是世界上最大的鱼，它们游得很慢，平均每小时只能游5000米左右。它们体形庞大，性情温和，遇到潜水员也不会主动攻击。鲸鲨有着长达70年的寿命，就让它们惬意地徜徉在广阔的海洋里吧。

鲸鲨的身体表面有白色的斑点，这种像星空一样的花纹是它们最明显的特征。

虽然长了一张大嘴巴，但是鲸鲨只吃那些非常小的浮游生物和鱼。

鲸鲨的繁殖

虽然近些年来，人类与鲸鲨频繁接触，但是对它们的繁殖方式和种群数量等都所知甚少。一些现象显示鲸鲨可能在加拉帕戈斯群岛、菲律宾群岛和印度周边海域繁殖。1996年，我国台湾台东地区的渔民意外捕获了一条雌性鲸鲨，在它体内发现了300多条幼鲨和卵壳，才让我们了解到鲸鲨是一种卵胎生的动物。鲸鲨的卵在体内孵化，等到幼鲨长到40～50厘米后才会离开母体。

鲸鲨	
体长：约 1200 厘米	分类：须鲨目鲸鲨科
食性：肉食性	特征：身体表面有白色的斑点，嘴巴宽大

大口吞四方

在食物丰富的海域，鲸鲨也会聚集成群，例如在菲律宾、澳大利亚和墨西哥的近海海域常常能见到成群的鲸鲨。它们依靠灵敏的嗅觉觅食，主要捕食浮游生物、藻类、磷虾、漂浮的鱼卵以及小型鱼。每次捕食它们都会张开那张如宇宙黑洞般的大嘴，将食物吸入口中，再闭上嘴巴，将多余的海水从鳃片过滤出去。

牛鲨——可怕的海底“公牛”

牛鲨也叫“公牛鲨”或者“白真鲨”，它们有两个背鳍，第一个背鳍宽大，第二个背鳍较小。幼年时期的牛鲨鳍顶部有黑色标记，会随着年龄的增长而逐渐消失。

牛鲨体形较小，却有张大嘴，嘴中密布着锋利如刀的牙齿。它们与大白鲨、沙虎鲨一同被称为最具攻击性、最凶猛、最常袭击人类的鲨鱼，攻击性仅次于大白鲨。牛鲨的胃口非常好，它们从不挑食，喜欢沿着海边或逆流而上捕食鳄鱼或水边生活的动物。牛鲨还有极强的适应力，它们迁移到其他地方过冬时，能够很快适应新的环境。

淡水中游弋的牛鲨

牛鲨具有一种其他鲨鱼都不具备的特殊能力，那就是在淡水中生存，它们是唯一可以在淡水和海水两种环境中生存的鲨鱼。牛鲨能够通过调节血液中的盐分和其他物质，利用尾部附近的一个特殊的器官来储存盐分，以此保持自身体内的盐度平衡。因此牛鲨可以自由地穿梭在海洋和淡水区域之间，几乎可以终生生活在淡水里。

牛鲨	
体长：约 400 厘米	分类：真鲨目真鲨科
食性：肉食性	特征：有两个背鳍，鼻端扁平

背上的第二个鳍要比第一个小一些。

身体非常壮，像一枚鱼雷。

残忍的掠食者

虽然牛鲨并没有大白鲨那样庞大的体形，但是牛鲨却有一张大嘴。嘴中布满了恐怖的牙齿。捕猎时，牙齿牢牢地咬住猎物，下排牙齿用来固定住猎物，上排牙齿用来切割。这些锋利的尖牙会把猎物刺穿，撕成碎片，然后吞进肚子里。

大白鲨——凶猛的大洋霸主

大白鲨是现存体形最大的捕食性鱼，长达6米，体重约1950千克，雌性的体形通常比雄性的大。大白鲨广泛分布于全世界水温在12~24℃的海域中，从沿岸水域到1200米的深海中都能见到它的身影。幼年的大白鲨主要以鱼类为食，长大一些之后开始捕食海豹、海狮、海豚等海洋哺乳动物，也捕食海鸟和海龟，甚至啃噬漂浮在海面上的鲸尸。捕猎时，大白鲨喜欢从正下方或者后方以超过40千米/时的速度突然袭击猎物，猛咬一口后退开等待，在猎物因失血过多而休克或死亡时，再来大快朵颐。

大白鲨的牙齿呈三角形，边缘有锯齿，非常锋利。

大白鲨	
体长：约 600 厘米	分类：鼠鲨目鼠鲨科
食性：肉食性	特征：体形庞大，牙齿十分锋利

鲨鱼的皮肤

鲨鱼的皮肤分泌大量黏液，既可以减少游泳阻力，还能防止寄生虫的侵袭，为鲨鱼的身体提供一定的保护。鲨鱼的皮肤表面布有细小的盾鳞。虽然叫作“鳞”，但盾鳞的结构却与牙齿同源，内部有像牙髓腔一样布满血管的空腔，外表包裹着坚硬的牙本质，表面还有一层牙釉质。因此，说大白鲨“全身都是牙”也不为过。这些细小的“牙齿”使得鲨鱼的皮肤逆向摸起来就像砂纸一样粗糙。

腹部的颜色比较浅，背部的颜色比较深，这样的体色可以让它们隐藏在海水中不被猎物发现。

双髻鲨——奇怪的锤子头

在热带和温带海洋中生存着海洋中贪婪的捕食者——双髻鲨。双髻鲨又叫“锤头鲨”，因其头部的奇怪形状而得名。它们背上有一个镰刀形的背鳍高高竖起。双髻鲨的背部通常呈深棕色或浅灰色，嘴巴在其锤形头部的下方，一口锋利的牙齿会让猎物胆战心惊。双髻鲨通常喜欢捕食鱼类、甲壳类和软体动物，它们经常出现在海滩、海湾和河口处的浅水水域，也能下潜到200米以下的深海寻找食物。

像锤子一样的头部结构是双髻鲨最明显的特征。

双髻鲨

体长：350 ~ 500 厘米	分类：真鲨目双髻鲨
食性：肉食性	特征：头部很宽，像一个锤子的形状

鲨鱼也是吃素的

双髻鲨是海洋中凶猛的捕猎者，它们主要捕食鱼类和甲壳动物。但是科学家们在对窄头双髻鲨的食性进行研究后，惊讶地发现窄头双髻鲨会吃海草，在它们的胃里，发现了大量的海草。看来，就连无肉不欢的鲨鱼都懂得营养均衡，偶尔还吃点海草给自己换换口味！

尾鳍为双髻鲨提供前进和冲刺的动力。

鳃裂长在身体的侧面。

眼睛长在这个“锤子头”的两侧。

双眼之间距离特别远

双髻鲨的眼睛分布于“锤子头”的左右两侧，距离较远，有些科学家认为这样的结构扩大了双髻鲨的视野，但是也有一些科学家认为它们眼睛的位置会造成视觉障碍。事实上，较宽的眼间距离增加了双髻鲨视线的重叠范围，让双髻鲨获得了更广阔的视角。

锯鳐——海中“电锯惊魂”

在大海之中，有一种身上带着可怕锯子的家伙正潜伏在水底，等待着猎物送上门来。它们长得有点像鲨鱼，但又不是鲨鱼，这就是神秘的锯鳐。

锯鳐生活在热带及亚热带的浅水水域，它们经常出没于港湾和河口。顾名思义，锯鳐就是带有锯子的鳐鱼，因为它们的吻部很像锯子而得名。锯鳐除了在水中巡游，其余时间就把自己隐藏在水底。当有小鱼经过的时候，它们就会突然跃起，挥舞着“大锯”砍向猎物。

吻部的锯齿形成一把“锯子”，它们就是靠这把“锯子”捕食的。

栉齿锯鳐	
体长：约 700 厘米	分类：锯鳐目锯鳐科
食性：肉食性	特征：吻部较长，两侧有锋利的齿

自己也能生宝宝的锯鳐

锯鳐属于卵胎生动物，每胎能够生出10多条小锯鳐。刚出生的小锯鳐有一个很大的卵黄囊，吻上的齿很柔软，随着成长慢慢变硬。2015年，科学家们在野外惊奇地发现一些锯鳐是由孤雌生殖而产生的。这是迄今为止，在自然界发现的第一种能进行无性繁殖的脊椎动物。

背部有两个背鳍。

凶残的捕食者

锯鳐的吻部扁平而狭长，边缘带有坚硬的吻齿，像一把锯，它们就使用这巨大的"锯"来翻动海底的沙子，捕食猎物。如果你认为它是一种性格温和、行动缓慢的鱼类，那你就错了。它们可是凶残的捕食者。头上的"锯子"是一种致命武器，具有极强的威力，可以将小鱼砍成两半。锯鳐摆动速度很快，每秒能发动数次横向攻击。

飞鱼——飞上天空的鱼

飞鱼生活在温暖的海洋中，它们经常成群结队地在水域的上层游动。飞鱼长相奇特，胸鳍特别发达，像鸟类的翅膀一样。长长的胸鳍一直延伸到尾部，与叉状的尾鳍共同构成一条完美的弧线。它们能够利用尾鳍的力量冲出水面，然后凭借发达的胸鳍以16千米/时的速度在水面上方连续滑翔，这也是它们名字的由来。

飞鱼喜欢向光游

飞鱼具有趋光性，它们很喜欢有光亮的地方，尤其在漆黑的晚上。渔民利用飞鱼的这个习性，夜晚在船的甲板上挂一盏灯，成群的飞鱼就会向船游来，最后“自投罗网”飞到甲板上。

斑鳍飞鱼

体长：约 27 厘米	分类：颌针鱼目飞鱼科
食性：肉食性	特征：胸鳍非常宽大，像翅膀一样

蝰鱼——潜行深海的“饿狼”

在大洋的深处，生活着一种长着大嘴还会发光的可怕怪物——蝰鱼。蝰鱼体形修长，因突出的两腭和巨大的牙很像蝰蛇而得名。虽然叫作蝰鱼，但是并没有毒。它们主要捕食各种中小型鱼和甲壳类动物。科学家们普遍认为，蝰鱼的捕食方式是快速游向猎物，然后用牙齿将猎物刺穿，它们是深海中的捕食高手。

蝰鱼	
体长：约 35 厘米	分类：巨口鱼目巨口鱼科
食性：肉食性	特征：身体两侧有发光器，牙齿非常长

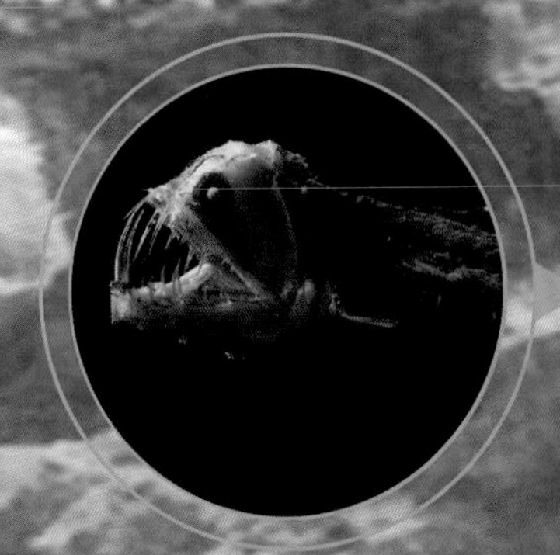

锋利的牙齿

蝰鱼长着一张与身体并不协调的大嘴，嘴里的尖牙又长又锋利，甚至长得无法安放在嘴里，只能将其暴露出来。它们的尖牙可以轻松地将猎物刺穿，最长的下牙裸露在外并向后弯曲着，似乎就要刺穿眼球，显出一副十分可怕的样子。蝰鱼就这样龇着牙在海中游荡，似乎要捕杀一切生灵。

背鳍的第一根鳍条向前延伸，像一根钓竿。

背部、尾部都带有发光器，在黑暗的地方会发出能吸引猎物的微弱的光。

长得吓人的尖牙和奇特的外表是蝰鱼的标志性特征。

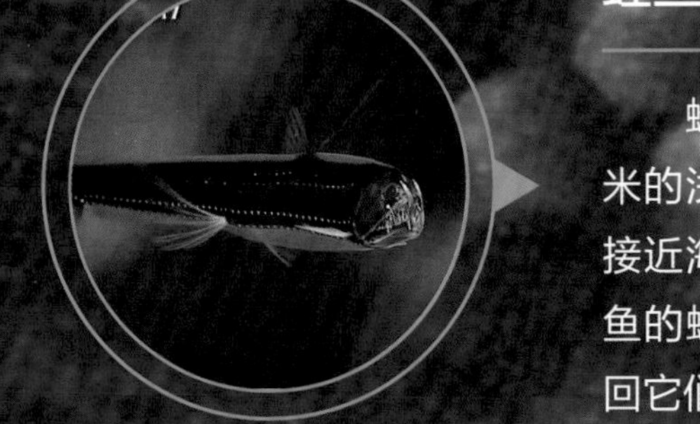

蝰鱼的家在深海

蝰鱼藏身于深海中，但是每到夜晚它们会选择到深度不足200米的浅海中寻找食物。这是因为在夜晚，一些浮游生物会上浮到接近海面的深度，捕食浮游生物的小型鱼也会随之上浮，贪吃小鱼的蝰鱼也就一起游到海洋表层了。到了清晨，蝰鱼又会重新潜回它们深海中的家园。

角高体金眼鲷——骇人的尖牙

它们是大洋深处的栖息者，它们是长着骇人面庞的海底暗杀者，它们就是大名鼎鼎的角高体金眼鲷，因为嘴巴里长着吓人的尖牙，所以角高体金眼鲷又被叫作“尖牙鱼”。它们最常栖息在500～2000米的深海，但在水深5000米的深渊中也有角高体金眼鲷的存在，那里水压大得惊人，水温接近冰点，食物极其匮乏，角高体金眼鲷对水压的适应性和强大的生存能力令人感叹。

角高体金眼鲷长着一口锋利的尖牙。

下颌比较大，与上颌连在一起形成了一张大嘴巴。

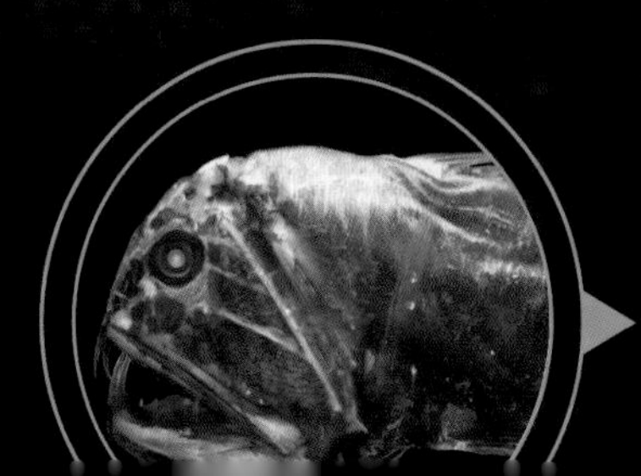

居住在深海的角高体金眼鲷

角高体金眼鲷并不畏惧寒冷，但是它们喜欢居住在热带和温带的海洋深处，可能是因为这些海域的食物要更多一些。

角高体金眼鲷

体长：约 15 厘米	分类：金眼鲷目狼牙鲷科
食性：肉食性	特征：头部较大，牙齿非常长

蓝鲸——海中巨无霸

谁才是世界上最大的动物？是恐龙吗？在广阔的海洋里生活着一种体形巨大的动物，它们就是蓝鲸！蓝鲸是地球上体形最巨大的动物，体重可达200吨，是这世界上当之无愧的巨无霸！非常幸运的是，体形庞大的它们生活在海里，浮力可以让它们不用像陆地动物那样费力地支撑自己的体重。蓝鲸全身体表均呈淡蓝色或鼠灰色，背部有淡色的细碎斑纹，胸部有白色的斑点，这在海中是很好的保护色。蓝鲸喜欢在温暖海水与寒冷海水的交界处活动，因为那里有丰富的浮游生物和磷虾。蓝鲸的胃口极大，好在它们需要的食物是数量众多的磷虾，偶尔还吃一些小鱼、水母等换换胃口。它们每天要吃掉4～8吨的食物，如果腹中的食物少于2吨，就会有饥饿的感觉。

巨大的嘴巴一口能吞下将近 90 吨的海水和食物，然后再把海水从鲸须的缝隙中滤出去。

眼睛位于嘴巴的后面。

蓝鲸是如何繁殖的

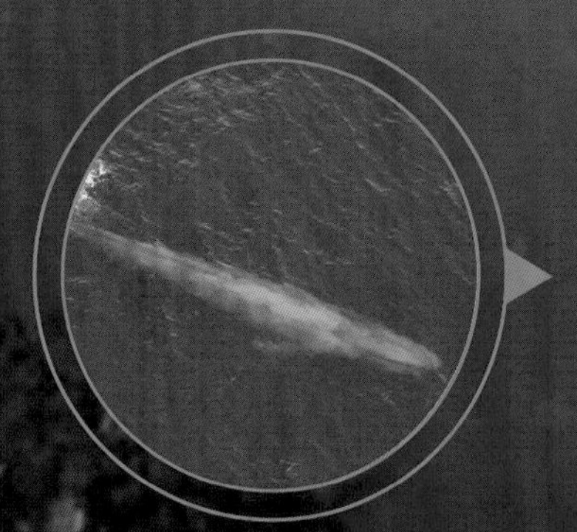

到了寒冷的冬季，陆地上的许多动物都开始进入休眠期，而蓝鲸却要进入繁殖期了。雌鲸每两年才生育一次，每胎只产下一个蓝鲸宝宝。蓝鲸和人类差不多，人类十月怀胎，蓝鲸需要怀宝宝10～12个月。宝宝出生以后需要到水面上呼吸第一口空气，避免窒息而死。

蓝鲸	
体长：约 3000 厘米	分类：鲸目鳁鲸科
食性：肉食性	特征：身体非常巨大，是世界上最大的动物

小小的背鳍。

蓝鲸整体的体形比较细长。

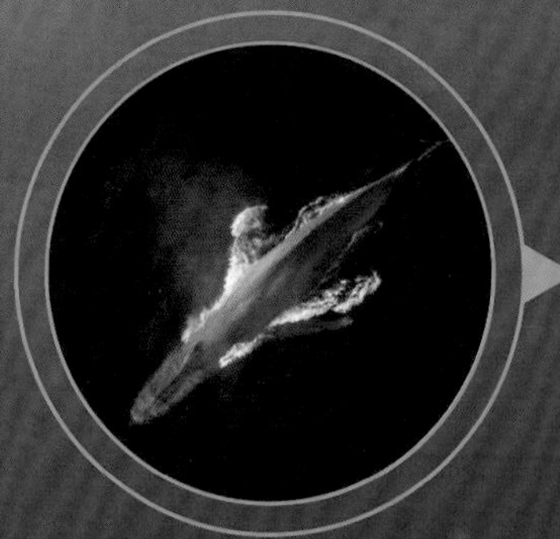

谁才是世界上最大的鲸

蓝鲸是世界上最大的鲸，也是世界上现存最大的动物。蓝鲸到底有多大呢？它们的体长大约30米，有 3 辆公共汽车连起来那么长。它们身体里装着小汽车一样大的心脏，舌头上能够站50个人，就连刚生下来的幼鲸都比一头成年大象还要重！

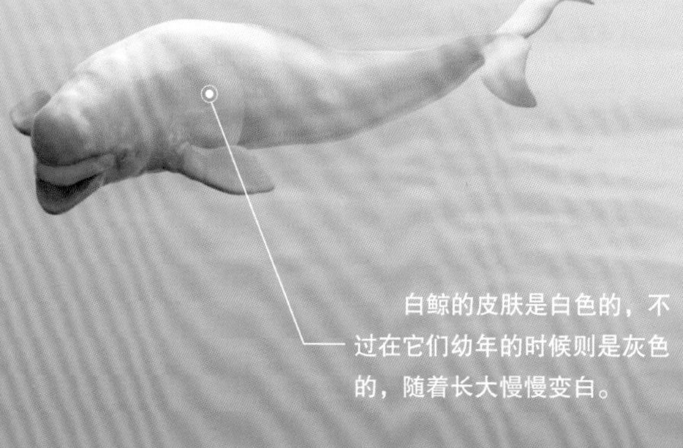

白鲸的皮肤是白色的，不过在它们幼年的时候则是灰色的，随着长大慢慢变白。

爱吐泡泡的白鲸

白鲸是很聪明的海洋动物，它们的智商很高，几乎与一个四五岁的小孩子相当。可能也是因为如此，白鲸很喜欢亲近孩子，像孩子一样顽皮，会做一些有趣的事，比如吐泡泡。白鲸对吐泡泡这件事情有独钟，它们会从气孔喷出大量气体，这些气体会在水中形成环形的泡泡，而白鲸会追着泡泡玩耍、旋转、跳跃，就像是在表演水下芭蕾。

白鲸——微笑的伙伴

如果说有什么海洋动物让人们一眼看去就心情舒畅的话，那可能就要数白鲸了。虽然我们很难亲眼见到野生环境下的白鲸，但是却能在海洋馆中看见友好的白鲸。

白鲸有圆滑突出的额头和完美宽阔的唇线，它们好像永远都在微笑，这很符合它们温顺的性格。白鲸喜欢缓慢地游动，喜欢生活在贴近海面的地方，潜水也是它们的强项。世界上绝大多数白鲸生活在欧洲、美国阿拉斯加和加拿大以北的海域中。

白鲸	
体长：最长可达 500 厘米	分类：鲸目一角鲸科
食性：肉食性	特征：全身白色，看上去似乎在微笑

白鲸没有背鳍。

白鲸的额头隆起，这是它们运用回声定位的重要器官。

它们的表情看上去似乎一直在微笑。

爱干净的白鲸

白鲸的体态优美，有着洁白光滑的皮肤。它们非常注重自己的外表。当白鲸游到河口三角洲时，身上会附着许多寄生虫，这时白鲸变得不再洁白。它们怎么能忍受自己的外表变得脏兮兮的呢？于是白鲸们纷纷潜入水底，在河床上下不停地翻滚、游动，一些白鲸还会在三角洲和浅水滩的沙砾或砾石上擦身。每天都这样持续几个小时，几天以后，白鲸身上的旧皮肤会蜕掉，换上洁白漂亮的新皮肤。

抹香鲸——海怪“杀手”

在碧波荡漾的海面之下，一个庞然大物悬浮在那里，看上去就像一根巨大的原木，这就是抹香鲸。抹香鲸是齿鲸中最大的一种，因为它们有个像斧子一样巨大的头，又被叫作“巨头鲸”。它们全身光滑呈棕黑色，没有背鳍，后背上有一串波浪状的凸脊，一直延伸到呈三角状的尾鳍处。抹香鲸的下颚上长着锋利的牙齿，不过上颚却只有安置下牙的牙槽。利用这些牙齿，抹香鲸们经常潜入深海捕捉各种大型的软体动物，例如被渔民视为海怪的大王乌贼。在抹香鲸的身上经常能找到它们与大王乌贼搏斗时留下的伤疤，可以说抹香鲸正是大王乌贼这样的“海怪”最怕的克星了。我们在世界上所有不结冰的海域都有可能见到抹香鲸，它们主要栖息于南北纬70°之间的海域中。

有力的尾巴是抹香鲸游泳的主要动力来源。

抹香鲸的皮肤有多厚

抹香鲸的皮肤厚度可达13～18厘米，别看它们有这么厚的皮肤，因为在水中它们的热量很容易被水带走。仍然需要在水中不停地运动和进食，提高代谢率产生热量来维持体温。

抹香鲸	
体长：1000 ~ 2000 厘米	分类：鲸目抹香鲸科
食性：肉食性	特征：头部巨大，下颚有圆锥形的牙齿

抹香鲸只有下颚有牙，上颚没有牙齿，只有安放下颚牙齿的牙槽。

可以潜到水下 2200 米

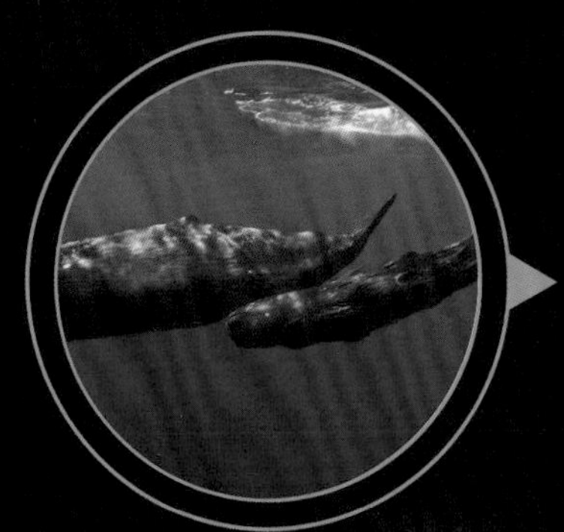

海水越深，压力就会越大，能够承受这么大压力的动物很少，不过对抹香鲸来说，深海就像它们的后花园。它们独特的身体构造可以抵抗海水巨大的压力，因此潜水对抹香鲸来说就是小事一桩，它们能潜入水下 1 小时左右，潜水深度可达2200米，真可谓“潜水能手”。

虎鲸——可爱的海洋霸主

虎鲸也叫“逆戟鲸”或者“杀人鲸”，它们黑色的身体上有着白色的花纹。这种鲸类是海洋中当之无愧的顶级掠食者，就连凶猛的大白鲨偶尔也会成为它们的猎物。虎鲸的头部呈圆锥状，牙齿锋利，企鹅、海豚、海豹等动物都能成为它们攻击的对象。

虎鲸生活在一个高度社会化的母系社会中，在群体中总有一头年长的雌鲸居于领导地位，这让它们一辈子都生活在母性的光辉中，因此虎鲸们具有非常稳定的母子关系，一般不会发生离群的现象，只有受伤或者迷路时才会出现孤鲸。雌鲸的寿命大概在85年，雄鲸就没有那么长寿了，大概能活55年，不过这在动物界已经算是长寿的了。

鲸鱼中的“语言大师”

虎鲸被认为是鲸类中的“语言大师”，虽然它们不能像座头鲸那样发出美妙的歌声，但是却能发出62种不同的声音，这些声音包含不同的意义，它们可以利用这些声音来互相沟通。在捕食时它们会发出类似一种拉扯生锈铁门时发出的声音，其他鱼听到这个声音都吓得魂飞魄散，行动异常，最终成为虎鲸的盘中餐。

虎鲸的狩猎指南

虎鲸会成群结队地捕猎，聪明的虎鲸们有自己的语言，会利用超声波相互沟通，研究捕食策略。它们也懂得分享，常常会见到虎鲸群合力将鱼群集中成一个球形，然后轮流钻进去取食。虎鲸还会装死，它们一动不动地浮在海面上，当有乌贼、海鸟、海兽等接近它们的时候，就突然翻过身来，张开大嘴进行捕食，有时也会用尾巴将猎物击晕再食用。

虎鲸	
体长：约 1000 厘米	分类：鲸目海豚科
食性：肉食性	特征：头上有两块白色像眼睛的斑纹

座头鲸——移动的冰山

座头鲸拍动着两只巨大的胸鳍优哉游哉地徜徉在广袤的海洋之中，它们虽然称不上是世界上最大的鲸，但也是海洋中当之无愧的巨型生物。座头鲸很喜欢戏水，并且本领高超。它们以跃水的优美姿态以及超长的胸鳍与复杂的歌声而闻名。座头鲸的胸鳍薄而且狭长，是鲸类中最大的，所以又被称为“大翅鲸”或者“长鳍鲸”。座头鲸经常成双成对地活动，它们性情温顺，常以互相触碰来表达感情。庞大的身躯使它们的游速变得很慢，每小时为8～15千米，在海面上，就像一座移动的冰山。

捕食的时候张开大嘴，把海水和食物一起吸进嘴巴里，然后再把海水滤出去。

巨大的胸鳍是座头鲸的显著特征。

海洋中的歌唱家

座头鲸一年当中有6个月的时间都在唱歌，它们绝对称得上是海洋中的歌唱家。生物学家们发现，座头鲸并不是毫无章法地乱叫，而是带有一定的节奏。人们发现它们的演唱模式和人类十分相似：首先演唱一段旋律，接着变换另一种旋律，最后再变回到稍加修改的原旋律上。它们就是用这些声音来传递信息，进行“艺术交流”的。

座头鲸	
体长：最长可达 1800 厘米	分类：鲸目须鲸科
食性：肉食性	特征：胸鳍非常巨大，头部有瘤状物

为什么叫座头鲸

座头鲸这个名字听起来有点奇怪，也没有说明它们的特征，那么它们的名字到底从何而来的呢？其实“座头”这个名字是源于日文“座头”，在日文中是“琵琶”的意思。因为鲸鱼的背部呈一条优美的曲线，就像是一把大琵琶，所以人们就用琵琶来给它们命名了。座头鲸也被人们叫作“大翅鲸”，就是指它们那对硕大的胸鳍。

儒艮——真假“美人鱼”

“南海水有鲛人，水居如鱼，不废织绩，其眼能泣珠。”这是古人对美人鱼的记载。其实传说中的美人鱼并不存在，它们的原型很有可能就是儒艮。儒艮是一种生活在热带海域的大型哺乳动物，主要分布于太平洋西海岸和印度洋的热带、亚热带海域，已经在地球上生存了上千年。儒艮巨大的身体足足有3米长，光滑的皮肤长有稀疏的短毛，嘴巴朝腹面弯曲，尾巴呈“V”形。

儒艮是一种性情温顺、行动缓慢的动物，通常不爱游动，好像在打瞌睡一样。儒艮那双小小的眼睛看起来呆呆的，这也说明了它们的视力不太好，但是它们具有灵敏的听觉，依靠听觉来躲避天敌。

美丽的传说

传说中的美人鱼虚幻又缥缈，那现实中的美人鱼到底是什么样子呢？在现实中，人们见到的美人鱼大多都是儒艮这样的哺乳动物。它们在水中每隔半小时左右就会到水面上来透透气，会像人类一样怀抱自己的宝宝喂奶，头上偶尔还顶着海草，远远看去很像一个长发美女，这可能就是美人鱼传说的由来了。

儒艮

体长：约 300 厘米	分类：海牛目儒艮科
食性：植食性	特征：尾巴分叉，吻部很厚重

儒艮的尾巴呈“V”形。

儒艮的眼睛比较小。

儒艮是如何吃饭的

儒艮的开饭时间与涨潮时间一致，涨潮后，海水将海草都淹没了，这时儒艮就会赶来吃饭。儒艮的门齿很像兔子的牙，雄性较长，可达6厘米，雌性的仅仅接近2厘米。它们通常不会用门牙去切断食物，而是用它们巨大而且具有抓握能力的吻部来取食，将海草从海底拔起来吃掉。进食时，一边咀嚼一边不停地摇摆着头部，动作非常可爱。

加州海狮	
体长：约 200 厘米	分类：食肉目海狮科
食性：肉食性	特征：四肢像鳍一样，有小小的外耳郭

后肢伸在身后。

海狮——海里的“狮子”

海狮是一种海洋哺乳动物，因为有些种类的脖子上有与狮子相似的鬣毛而得名。它们经常在海边的礁石上晒太阳，用前肢支撑着身体，瞪着圆圆的眼睛望向远方，看上去很是可爱。海狮和海豹都属于哺乳动物中的鳍足类，为了方便在海中活动，四肢都已演化成鳍的模样。聪明的海狮没有固定的生活区域，哪里有食物就待在哪里，各种鱼、乌贼、海蜇和蚌都能让它们美餐一顿，磷虾是它们最爱的食物。有时候它们会吞掉一些石子来帮助消化。海狮是非常社会化的动物，有各种各样的通信方式，它们还具备高超的潜水本领，经常帮助人类，在科学和军事上都起到了重要的作用。

海狮有一对小小的外耳，这是它们与海豹最明显的区别之一。

前肢比较长，可以像胳膊一样撑起上半身。

一夫多妻制的海狮

海狮的社会实行一夫多妻制，每年的5—8月，一只雄海狮会和10～15只雌海狮组成多雌群体。雄海狮会在海岸选好地点，雌海狮就纷纷赶来，它们互相争抢配偶，身强力壮、本领高强的雄海狮，就会受到更多雌海狮的欢迎。当它们组成群体后不会马上交配，因为这时的雌海狮已经怀孕很久了，它们要先生下肚子里的小海狮，一段时间之后才开始交配。雌海狮受孕以后就会离开群体，等到下一年的繁殖季节再次生产。

宽吻海豚	
体长：200 ~ 400 厘米	分类：鲸目海豚科
食性：肉食性	特征：身体呈流线型，表情看上去像是在微笑

海豚很喜欢跃出水面，这种行为有可能是为了玩耍，或是除去身体表面的寄生虫。

海豚——最聪明的海洋动物

海豚是大海中善良的象征，在人们的心目中，海豚就像孩子一样可爱，脸上总是带着温柔的笑容。在海洋生物中，海豚可以说是人气最高、最受欢迎的一种了，它们是海洋中智力最高的动物，有着非常强大的学习能力，像人类一样成群生活在一起，还能发展出从十几条到上百条的大规模族群，族群里有时候甚至还会混进其他种类的海豚或者鲸。海豚甚至还会使用工具，它们会互相帮助，如果一只海豚受伤昏迷了，其他海豚会一起保护它。

海豚需要睡觉吗

海豚属于哺乳动物，它们的祖先最开始栖息于陆地上，后来才变得适应水中生活。海豚始终用肺呼吸，如果长时间在水中保持睡觉的状态，它们就会窒息而死。海豚在游泳时，它们的某一边大脑会处于睡眠状态。它们虽然保持着持续游泳的状态，但左右两边的脑部却在轮流休息。

海豚的表情看上去像是在微笑。

海豚的智商有多高

在海洋馆里，我们经常看到海豚做出各种各样的高难度动作，这足以证明海豚是高智商的海洋动物。海豚的脑部非常发达，不但大而且重，大脑中的神经分布相当复杂，大脑皮质的褶皱数量甚至比人类还多，这说明它们的记忆容量和信息处理能力都与灵长类不相上下。

棱皮龟——最大的海龟

从“龟兔赛跑”的故事中，我们了解到龟是爬行速度很慢的动物。但是你知道吗？有一种海龟它们游泳的速度非常快，是世界上最大的海龟，它们就是棱皮龟。棱皮龟的脑袋很大，相貌可爱，性格温顺，游泳的能力很强。由于它们长时间生活在水中，四肢已经进化成鳍状，不能像陆地上的龟那样将四肢缩回壳里。可爱的棱皮龟主要以鱼、虾、蟹、乌贼和海藻等为食，水母是它们的最爱。目前，棱皮龟的数量还在不断减少，人们正在尽力挽救这一物种，我们希望棱皮龟灭绝的那一天永远都不会到来。

腹部平坦，有助于减少阻力。

棱皮龟到底有多大

棱皮龟是世界上现存最大的龟，那么它们到底有多大呢？在英国的威尔士，人们发现了一只巨大的棱皮龟，它的体重竟达916千克，体长超过了250厘米，无疑是世界上最大的龟。

棱皮龟的背甲上面有好几道棱，这也是它名字的由来。

宽大的鳍肢为棱皮龟高速游泳提供了强大的动力。

棱皮龟	
体长：200 ~ 250 厘米	分类：龟鳖目棱皮龟科
食性：肉食性	特征：背部有棱，甲壳隐藏在皮肤下面

恐怖的嘴巴

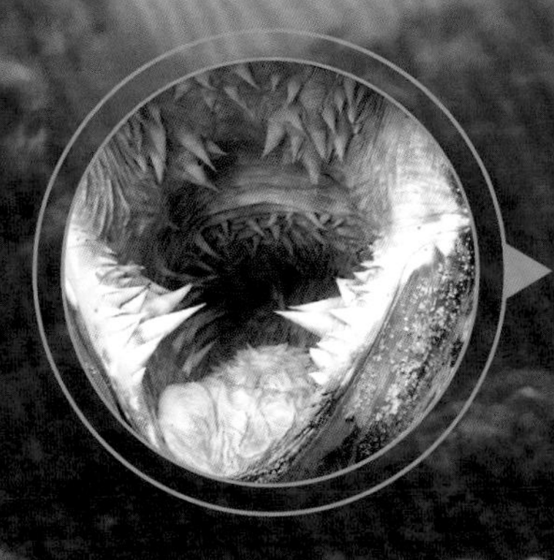

棱皮龟一副憨态可掬的样子让人心生欢喜，但是如果你看见它们张开嘴后的样子你就会发现它们的恐怖了。棱皮龟有一张恐怖的大嘴，从口腔到食管分布着数百个类似锯齿的钟乳状组织，这些突起在进食的时候可以起到牙齿的作用。它们主要以水母为食，可为什么却长了一口令人心惊胆战的牙齿呢？原来这也是棱皮龟的一个优势，这些牙齿对各种各样、形态不一的水母都来者不拒，使它们不会因为缺乏食物而被饿死。

太平洋丽龟——娇小的保护对象

太平洋丽龟又被叫作“橄龟”“海龟”“丽龟”，它们生活在海洋上且身体呈橄榄绿色，是体形最小的一类海龟。在世界各地，目前这种类型的海龟已经是十分稀少了，曾经大批产卵的现象已经不复存在了。所以逐渐被各国列为保护对象。太平洋丽龟形态也有特征，头背的前额部有鳞两对，颜色也稍与其他的海龟不同。

太平洋丽龟	
体长：60 ~ 70 厘米	分类：龟鳖目曲颈龟亚目海龟科
食性：杂食性	特征：体形小，四肢扁平，头部、四肢、背部为暗绿色，腹甲呈淡橘色

被保护的对象

太平洋丽龟在我国地区并不多见，此类海龟资源紧张，因此被许多国家列为保护动物，在我国被列为国家二级保护动物，成为世界各国保护对象。

腹部平坦，
有助于减少阻力。

四肢扁平，
行动缓慢。

体形小

太平洋丽龟体形小，是海生龟类最小的海龟，一般甲长六十厘米左右，最大也不会超过八十厘米。它相对于其他的龟有不同的特征，方便辨认。

青环海蛇——价值宝藏

青环海蛇又叫“海长虫”，喜欢生活在沿海地区，常存在于海洋或者浅水中，也可以藏在沙泥底部的浑水之中。青环海蛇常以蛇鳗为食，也会捕食海里其他鳗与鱼。青环海蛇以卵胎繁衍，喜欢群居，经常多条集中在一起，具有趋光性，所以在夜晚，用灯光来吸引它们，会捕捉到很多。

青环海蛇

体长：150 ~ 200 厘米	分类：有鳞目蛇亚目海蛇科
食性：肉食性	特征：身体细而长，身体形状呈偏圆筒状，全身有黑色环形

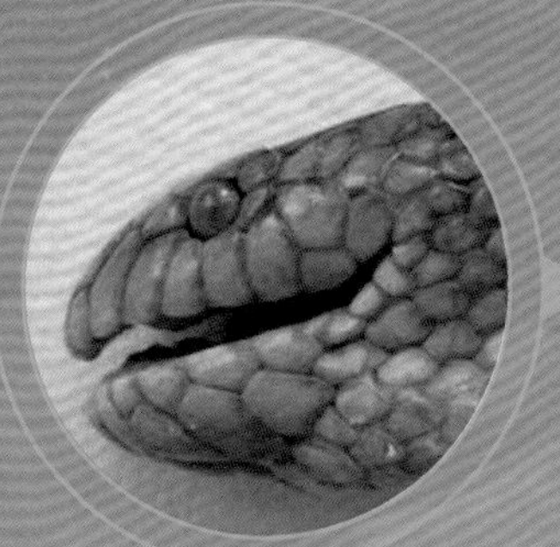

释放毒性物质

青环海蛇能够分泌毒素，一般是神经毒素和肌肉毒素，它们的毒性非常强烈，甚至比陆地常见的毒蛇毒性还要大。一旦被它们咬伤，中毒的不管是人还是动物，都会造成呼吸肌麻痹，严重者导致死亡。

潜水者

青环海蛇拥有潜水的能力，在浅水地区的蛇一般潜水时间短，而且在海面停留时间短。而在深水地区的蛇一般潜水时间长，能够达两三个小时。

长吻海蛇——明显的黄色腹部

长吻海蛇又叫“黄腹海蛇”，它们是海洋生物，是长吻海蛇属下的唯一物种，却是分布范围最广的海蛇，世界各地海域都有分布。它们以小型鱼为食，也会捕食甲壳类动物。

国家保护对象

长吻海蛇在2000年被列为国家重点保护的野生动物，其有一定的价值。禁止非法捕捞。并且此类蛇是濒危物种，珍贵而较稀少，是国家保护的对象。

海生动物

长吻海蛇在海里生长，并且是唯一一种毕生能存活在海里的蛇，在海里繁衍。但是长吻海蛇不能与其他普通蛇一样在陆地生活，有时此类海蛇会群体出现。

长吻海蛇背部与腹部颜色差异明显，腹部是鲜艳的黄色，背部黑色。

长吻海蛇背部没有明显的花纹，而尾部有黄斑。

长吻海蛇	
体长：545 ~ 707 毫米	分类：有鳞目蛇亚目眼镜蛇科
食性：肉食性	特征：背部呈深棕色或黑色，其腹部为显眼的黄色，吻长

梭子蟹——会“飞”的螃蟹

螃蟹会飞吗？答案自然是否定的。不过有一类螃蟹却能在海里面“飞”，那就是梭子蟹。梭子蟹是蟹类中比较常见的，因为它们的头、胸、甲呈梭子形而得名。不同种类的梭子蟹有着不一样的花纹和体色，在市场上我们偶尔也会见到蓝紫色的梭子蟹，这是甲壳动物中比较常见的体色变异。我们在市场上最常见到的梭子蟹名叫三疣梭子蟹，它们的甲壳表面有3个疣状突起，因为它们擅于游泳，所以在市场上人们也叫它们“飞蟹”。

眼睛可以缩回眼窝里，避免遭到攻击。

会游泳的梭子蟹

梭子蟹会游泳全靠它们高度演化的步足。它们的第四对步足演化成了游泳足，末端扁平很像船桨。通常它们用前三对步足的指尖在海底爬行，用游泳足在水中划行。

背甲呈青灰色。

前三对步足主要用来爬行。

梭子蟹的一对大螯非常有力，能钳碎贝类和海螺的壳。

三疣梭子蟹

体长：10 ~ 20 厘米	分类：十足目梭子蟹科
食性：杂食性	特征：甲壳呈梭形，甲壳上有 3 个疣状突起

沙蟹——沙滩上的“幽灵”

沙滩一次次被潮水抹平，不过有些地方却会留下一些奇怪的小洞，洞口还堆着很多沙子。有的时候，我们会看到有沙子从洞里面被抛出来，当我们走近这些小洞的时候，偶尔还会发现有一个像影子一样的小动物飞快地钻进洞里。这些小洞到底是什么呢？原来，这些小洞正是沙蟹的家。沙蟹是海滩上常见的一类螃蟹，它们的行动非常敏捷，可以说是螃蟹中的“短跑飞人”了。沙蟹通常在刚刚落潮的海滩寻找食物，一旦有什么风吹草动就会飞快地逃回洞里去。

沙蟹吃什么

海边的渔民会利用死鱼和其他诱饵来制作陷阱诱捕贪吃的沙蟹，因为沙蟹的主要食物就是被海浪冲到海边的死鱼和其他动物的尸体。它们偶尔也会捕捉一些小动物，例如刚刚孵化的小海龟就可能遭遇它们的“魔掌”。

眼睛上的角状物是角眼沙蟹的特征。

步足细长，适合飞快地奔跑。

幽灵蟹

沙蟹是奔跑速度最快的螃蟹，在不太松散的沙地上，有些沙蟹可以跑出2.2米/秒的高速！如果你清晨或者傍晚在海边散步，可能只会看到一个个似有若无的“影子”在不远的地方飞快地消失了。沙蟹身体的颜色与沙滩的颜色相近，再加上它们那极快的速度，使一闪而过的沙蟹看上去就像幽灵一样，所以沙蟹也被人们称为“幽灵蟹”。

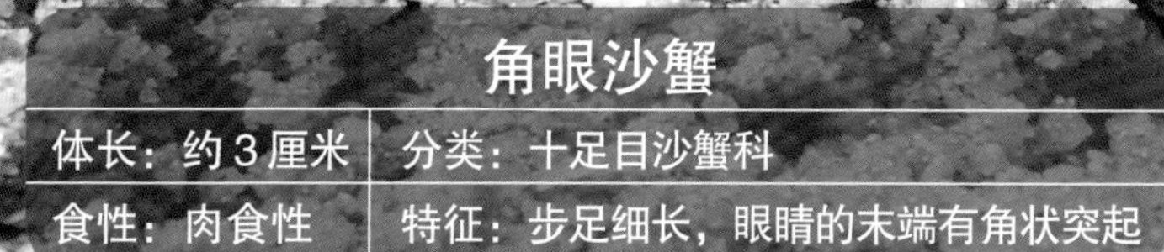

角眼沙蟹	
体长：约 3 厘米	分类：十足目沙蟹科
食性：肉食性	特征：步足细长，眼睛的末端有角状突起

招潮蟹——不寻常的大钳子

在退潮之后的红树林泥滩上，有很多小螃蟹在忙碌地寻找食物。它们长相奇特，身体前宽后窄呈梯形，两只眼睛高高竖起，像插在头上的火柴棒，时刻观察着周围的动静。雄性蟹的两只螯大小不一，大的那只重量几乎占了身体的一半，而且颜色鲜艳，有的还带有特别的图案，小的那只主要用来刮取食物并送进嘴巴。这种小螃蟹就是招潮蟹。

招潮蟹的生物钟

在不断的进化中，招潮蟹已经形成了自己的生物钟。它们会随着潮水的涨落安排自己的生活节奏，潮退而出，潮涨而归。在退潮的时候来到泥滩上寻找食物和配偶，涨潮时则在自己的洞穴中躲避潮水。它们就这样日复一日、年复一年地过着有规律的生活。

不成比例的大螯

招潮蟹最显著的特征就是雄蟹大小不成比例的一对螯。在退潮后的泥滩上，雄蟹会挥舞着大螯向其他蟹展示自己，看上去就像是在呼唤潮水，也正因此而被叫作招潮蟹。招潮蟹的大螯也是它们求爱的工具，它们通过大螯发出的声音来吸引雌性。如果两只雄性招潮蟹为了抢地盘而大打出手，大螯也是它们的武器。

凹指招潮蟹	
体长：2 ~ 3 厘米	分类：十足目沙蟹科
食性：杂食性	特征：一只螯足非常大

招潮蟹的眼睛呈棒状，像一根火柴棍。

小钳子用来刮取地面上的有机物碎屑食用。

雄性招潮蟹的大钳子是它吸引雌性和保卫领地的重要工具。

甘氏巨螯蟹——最大的螃蟹

世界上现存最大的螃蟹是生活在日本海的甘氏巨螯蟹，它们也是现存节肢动物中个头最大的一种。甘氏巨螯蟹栖息在大陆架、斜坡的沙滩和岩石底部，栖息的深度在500~1000米，常常在海底四处活动，寻找可以吃的东西。这种巨大的螃蟹主要以鱼类为食，别看它们身躯庞大，动作却十分灵敏，长长的蟹钳非常灵活，在它们眼前游过的小鱼，都躲不过它们的巨大螯钳。为了寻找食物，甘氏巨螯蟹会悄无声息地潜伏在海底，等待猎物主动上门自投罗网。当然，如果发现了沉入海底的动物尸体的话，它们也不会拒绝一顿免费的大餐的。

甘氏巨螯蟹是如何繁殖的

这些生活在深海的甘氏巨螯蟹只有在繁殖的季节才会到浅海来。每年的初春时节是甘氏巨螯蟹们交配的季节，它们会花大部分时间留在浅水区域，不过它们交配的行为很少被人们观测到。到了繁殖季节，一只雌蟹会产出150万颗卵，卵大约10天之后孵化成幼体。虽然数量庞大，但只有少数幼体能够存活下来并最终发育成成年巨螯蟹。

甘氏巨螯蟹

体长：30 ~ 40 厘米（足展可达 400 厘米）	分类：十足目蜘蛛蟹科
食性：肉食性	特征：螯和步足非常长，头胸甲较小

与细长的附肢相比，甘氏巨螯蟹的头胸甲就显得小得多。

它们会利用自己的钳子捕捉小型动物，或者从大型动物的尸体上将肉撕扯下来吃。

雄性的螯足伸展开来最长可达 4 米。

最大的螃蟹有多大

甘氏巨螯蟹是世界上最大的螃蟹，也是现存最大的甲壳动物。它们身体就像篮球一样大，展开脚以后，体长能达到4米以上，就像一辆小汽车那样长。如此巨大的螃蟹，也就只有在浩瀚的海底能有一个安身之所了。

龙虾——既威武又美味

在热带、亚热带珊瑚和礁石丰富的海域，生活着各种美丽的生物，其中最威武的，可能就要数龙虾了。龙虾们披着坚硬的外壳，头上挥舞着两条长长的带刺的触角，仿佛在向其他生物示威。当遇到危险的时候，它们会通过触角与外骨骼之间摩擦发出一种尖锐的摩擦音来把对手吓走。龙虾的泳足除了可以游泳还可以用来保护自己的卵，雌性龙虾的腹部可以携带100万颗卵。龙虾的成长需要经历数次蜕皮的过程，生长周期在10年以上。

龙虾的日常生活

龙虾只喜欢在夜间活动，它们喜欢群居，有时会成群结队地在海底迁徙。它们大多数时候并不活泼，很安静，喜欢藏身于礁石和珊瑚丛里，有猎物经过的时候才会扑出来捕食。龙虾的食物以贝类和螺类为主。

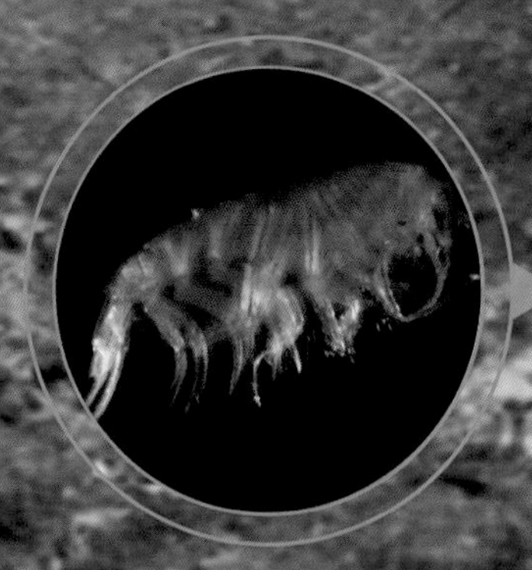

历尽艰辛的成长历程

龙虾从卵孵化之后，叫作叶形幼体。经过十多次的蜕皮，它们才会告别叶形幼体的状态，变成小小的龙虾模样。这个简单的蜕变要经历10个月的漫长时光，这时的幼虾体长约3厘米，整个身体看上去像是透明的。它还要经历数次蜕皮，每年体长会增长3～5厘米，从幼虾长到成年龙虾大约需要10年的时间。这是一个相当长的成长周期。

棘刺龙虾

体长：约 60 厘米	分类：十足目龙虾科
食性：肉食性	特征：身体表面有小刺，触角又粗又长

宽大的尾扇适合游泳前行。

龙虾的两条触角非常长，上面有小刺。

步足比较结实，适合在礁石和岩石上爬行。

螯龙虾——无敌的大钳子

螯龙虾是龙虾吗？事实上，只有我们在上一页提到的那种长着两条长须，身上还有很多小刺的虾才是真正意义上的龙虾，长着两只大钳子的螯龙虾在生物学上则是龙虾的表亲。螯龙虾分布于大西洋的北美洲海岸，尤其是加拿大和美国的沿海地区。在市场和酒店里，螯龙虾又被叫作“波士顿龙虾”，不过波士顿并不是螯龙虾的主要产地，因为大量的螯龙虾都是在这里进行销售集散，所以才有了这样的名称。

螯龙虾的繁殖

霸气的螯龙虾有几十年的寿命，但是螯龙虾的交配时间却非常短暂，它们只能在蜕壳之后甲壳没有完全硬化的一小段时间里进行交配。刚孵化出来的幼虾身体呈半透明状，它们长着大大的眼睛和长长的棘刺，在靠近水面的地方漂浮着，时刻寻觅着可以吃的鱼类、小型甲壳类及贝类。

美洲螯龙虾	
体长：20 ~ 60 厘米	分类：十足目海螯虾科
食性：肉食性	特征：甲壳比较光滑，有一对硕大的钳子

较小的
螯足用来切
割食物。

螯龙虾的身体表
面相对比较光滑。

巨大的螯
足是螯龙虾的
特征。

步足用来在
海底爬行。

较大的螯足用
来打开贝类的壳。

属于龙虾的节日

17世纪，英国殖民者来到了北美洲这片食物匮乏的新大陆。为了度过寒冬，他们只能选择英国人嫌弃的食物，那就是带刺的鱼和带壳的螯龙虾。那时北美东海岸的螯龙虾数量惊人，曾有历史学家描述，在龙虾产量最高的时候，被海浪冲到岸边的螯龙虾甚至能堆到0.6米高。因此在当时来说，这种龙虾并不受欢迎，而是给囚犯和穷人的食物。

对虾——美味的海洋馈赠

提到对虾，我们理所当然地就会想到它们做熟了的样子，例如柠檬对虾、红烧对虾、蒜蓉对虾、砂锅对虾，都是人们挚爱的世间美味。但是除了食用，你对它们可曾有更深刻的了解？对虾喜欢栖息在热带、亚热带浅海地区海底的沙子里。对虾的体色呈灰青色，有花纹。雄虾体色发黄，最显著的特征是具有长长的额剑。对虾会在水底爬行，或者成群地游泳，以底栖无脊椎动物、藻类和浮游生物为食。

为什么叫对虾

我们说对虾，总给人以“这种虾是成双成对生活”的印象，事实上并非如此。在海洋中，对虾并不是一雌一雄成对地生活在一起的。那么对虾的名字是怎么来的呢？原来，因为这一类虾的个头通常都比较大，所以过去的渔民大多以“对”来统计捕获的数量，在市场上也曾经以“对”来作为出售的单位。久而久之，这种虾就被叫作“对虾”了。

斑节对虾

体长：约 30 ～ 35 厘米	分类：十足目对虾科
食性：杂食性	特征：身体有褐色的斑纹

宽大的尾扇在拨水的时候可以使对虾一下子跳出很远。

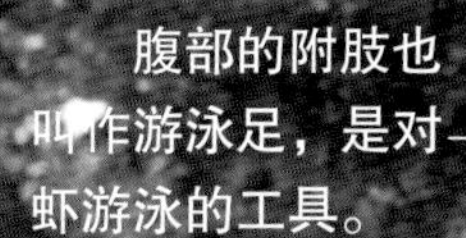

对虾用什么呼吸

对虾属于节肢动物中的甲壳类，它们的呼吸器官是鳃。它们的鳃位于头胸甲内部的两侧，被甲壳所覆盖。对虾的鳃可分为肢鳃、侧鳃、足鳃、关节鳃4种，共有25对。当它们离开水后，头胸甲和鳃里会存放一部分水，这时候氧气可以溶于鳃里的水中进行气体交换，但是如果长时间离开水，鳃中的水减少，对虾就会因无法呼吸而死去。

藤壶——礁石上的“小火山”

藤壶是生活在海中的小懒虫，它们的前半生在水中游荡只为了寻找一个舒适的位置附着一辈子。藤壶的形状很像马的牙齿，在海边生活的人们也会叫它们“马牙”。由于它们有个坚硬的外壳，所以常常被误认为是贝类，其实它们是属于节肢动物门甲壳纲的动物，与螃蟹和虾的关系比较近。

当藤壶死去，就会留下一个个像小火山一样的空壳。

藤壶	
体长：1 ~ 3 厘米	分类：无柄目藤壶科
食性：杂食性	特征：像一个有盖子的小火山

游荡与定居

藤壶的一生分为两个非常不同的生命周期。它在幼年时期是在水中漂浮的个体，需要经历好几个阶段的生长才能成为成体。到了幼体生涯的后期，小藤壶会用两对触须及尾肢来搜寻合适的地点以便长久附着。不过作为一种节肢动物，即便是开始附着生活以后，藤壶还是会继续生长蜕壳。

藤壶们通常会挤在一起生长，新生的藤壶有时甚至会附在原来的藤壶身上。

退潮时的藤壶会关闭盖子避免水分流失，到了涨潮时再开始活动。

藤壶通常成群地附着在海边的岩石上。

海螺——沙滩上的璀璨宝石

漫步在海边的沙滩上，我们最常见到的就是色彩和形状各异、大小不一的海螺和贝壳。海螺是海边最常见的生物，它们都属于软体动物。因为美丽的颜色和复杂多变的外形，海螺自古以来就是人们钟爱的收藏品。可以说，被潮水留在沙滩上的各种漂亮的贝壳，就像是一颗颗瑰丽的宝石。

海螺所属的软体动物是一个庞大的家族，在自然界中它们的物种数量仅次于节肢动物，约有10万种。这一家族的动物从寒武纪时期就出现在地球上了，直到现在依然非常繁盛。

听说海螺壳里会有大海的声音

我们在海螺壳里听到的声音，既不是大海的声音也不是血液循环的声音，其实是生活中的白噪声。

腹足纲（螺、蜗牛、蛞蝓等）	
特征：有一个螺旋形的贝壳，有些种类贝壳退化	移动方式：大多利用腹足爬行

海兔——彩色的水中精灵

温暖的热带海域水流清澈，海藻丛生，海洋中的动物们都被丰富的养料滋润着，可爱的海兔非常喜欢生活在这里。海兔也叫“海蛞蝓”，是一种软体动物，它们的贝壳已经退化成内壳，因其头上有一对触角很像兔耳而得名。海兔的身体表面光滑，带有许多凸起，配合着艳丽的色彩和各式花纹，就像是水中跳跃的精灵，俏皮可爱。海兔的身体颜色与它们体内共生的虫黄藻有关，也与它的食物有关系。如果遇到了难对付的攻击者，海兔就会引诱攻击者咬自己身上的乳突，因为乳突是可以再生的，而且乳突中的分泌物会让攻击者不再来攻击它们。

海兔通常有着艳丽的颜色，用以警告对手不要轻易靠近。

有毒的海兔

有些海兔是带有毒素的。1970年，在太平洋的斐济岛，曾发生一起摄食截尾海兔导致2人食物中毒的事件，这是海兔引起人类食物中毒的首次报道。海兔毒素是海洋生物毒素之一，毒素是在长尾背肛海兔的消化腺中被发现的。还有一些海兔的皮肤和分泌物也含有毒素，这也是它们用来防御的武器。

雌雄同体

海兔是雌雄同体的生物，每只海兔身上都有雌雄两套生殖器官。它们的交配方式也很特殊，在交配时，一只海兔的雄性器官与另一只海兔的雌性器官交配，一段时间以后，彼此交换性器官再进行交配，这种繁殖方式在动物界是很少见的。它们通常几只或十几只为一群，成群交配，时间可以长达数天之久。

海兔	
体长：约 10 厘米	分类：后鳃目海兔科
食性：肉食性	特征：两对触角突出如兔耳

背部的花纹是它们的鳃。

海兔也属于腹足纲动物，它们利用腹部爬行，有时候也会短暂地游泳。

海兔头部的两个触角具有嗅觉功能，也被叫作“嗅角”。

大王酸浆鱿——最大的软体动物

大王酸浆鱿也叫“巨枪乌贼”，是世界上最大的无脊椎动物。在深海中，抹香鲸是它们唯一的天敌，如果没有抹香鲸，恐怕这种巨型动物就要在海洋里称王称霸了。尽管大王酸浆鱿被人类认识已经有几十年的时间了，但直到2007年，一艘新西兰的渔船在南极海域捕获了第一条完整的活体大王酸浆鱿，人们才制作了第一只大王酸浆鱿标本，并保存在惠灵顿的一间博物馆里。

世界之最

大王酸浆鱿不仅是世界上最大的软体动物，还是世界上最大的鱿鱼，不仅如此，它们的眼睛还是世界上所有动物中最大的。大王酸浆鱿最大可长到约20米，而且它们死后还会继续膨胀，变得更长更大。

大眼睛的作用

大王酸浆鱿的大眼睛可不是摆设，在关键时刻可是保命的助手！它们的大眼睛能察觉其他生物发出的微光，这在漆黑一片的深海中是非常有用的。它们能够通过抹香鲸身边的发光微生物来判断位置，从而在抹香鲸发现自己之前溜之大吉。

大王酸浆鱿	
体长：约 1000 厘米	分类：十腕目酸浆鱿科
食性：肉食性	特征：身体呈红褐色，有很长的触手

大王酸浆鱿有着很长的触手。

和乌贼一样，大王酸浆鱿的嘴巴也在触手的中心。

眼睛非常大，里面还有发光器，在昏暗的深海能发出微光。

大王酸浆鱿和大王乌贼的区别

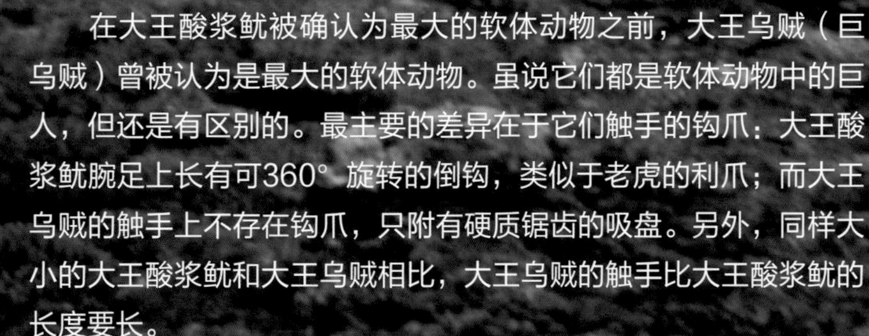

在大王酸浆鱿被确认为最大的软体动物之前，大王乌贼（巨乌贼）曾被认为是最大的软体动物。虽说它们都是软体动物中的巨人，但还是有区别的。最主要的差异在于它们触手的钩爪：大王酸浆鱿腕足上长有可360°旋转的倒钩，类似于老虎的利爪；而大王乌贼的触手上不存在钩爪，只附有硬质锯齿的吸盘。另外，同样大小的大王酸浆鱿和大王乌贼相比，大王乌贼的触手比大王酸浆鱿的长度要长。

乌贼——一肚子“墨水”

乌贼又叫“墨鱼”，它们在世界的各大洋中都有分布，在深海和浅海都有它们的身影。乌贼和鱿鱼、章鱼、鹦鹉螺一样都属于海洋软体动物，它们不是鱼类。乌贼不仅会泼墨，还是个调色专家，在它们的皮肤中聚集着许多色素细胞，可以在短时间内调整体内的色素囊来改变自身的颜色，这样就可以隐藏自己的踪迹啦。

眼睛长在头部的两侧，非常大。

乌贼吃什么

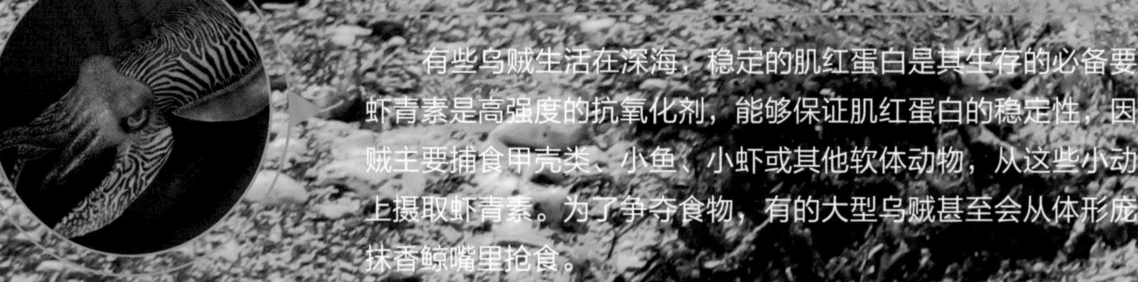

有些乌贼生活在深海，稳定的肌红蛋白是其生存的必备要素。虾青素是高强度的抗氧化剂，能够保证肌红蛋白的稳定性，因此乌贼主要捕食甲壳类、小鱼、小虾或其他软体动物，从这些小动物身上摄取虾青素。为了争夺食物，有的大型乌贼甚至会从体形庞大的抹香鲸嘴里抢食。

曼氏无针乌贼

体长：约 15 厘米	分类：乌贼目乌贼科
食性：肉食性	特征：身体呈长圆形，体内有一块硬质骨骼

章鱼——聪明的软体动物

在危机四伏的海洋世界里，想要生存下去可不是一件容易的事，章鱼家族凭借着它们独特的聪明头脑在海底悠闲地生活着。章鱼是海洋中的一类软体动物，身体呈卵圆形，头上长着大大的眼睛，最特别的是每条腕上都有两排肉乎乎的吸盘，这些吸盘能够帮助它们爬行、捕猎以及抓住其他东西。章鱼浑身上下最硬的地方就是牙齿了，它们口中有一对尖锐的角质腭及锉状的齿舌，可以钻破贝壳取食其肉。

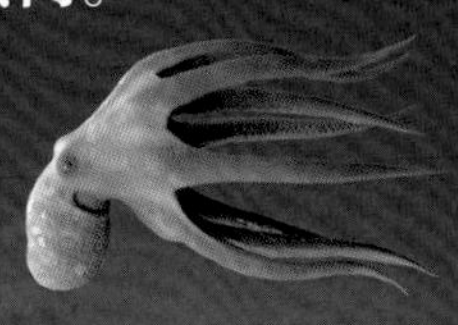

章鱼	
体长：大小不一	分类：八腕目章鱼科
食性：肉食性	特征：有 8 条腕，头部有比较大的眼睛

章鱼的腕很灵活，就像人的手一样，可以帮助它们获取食物、搬动石块或者抵御天敌。

章鱼的墨汁

为了逃避天敌的追杀，动物们的逃跑技能可谓五花八门。章鱼会将水吸入外套膜用来呼吸，在受到惊吓时它们会从体管喷出一股强劲的水流，帮助其快速逃离。如果遇到危险，它们还会喷出类似墨汁颜色的物质，就像是扔了个烟幕弹，用来迷惑敌人。有些种类的章鱼喷出的墨汁还带有麻痹作用，能够麻痹敌人的感觉器官，自己趁机逃跑。

令人吃惊的高智商

章鱼有三个心脏与两个记忆系统。其中一个记忆系统掌控大脑，另一个与吸盘相连。它们复杂的大脑中有5亿个神经元，身上还具备许多敏感的感受器，这些复杂的构造使章鱼具备高于其他动物的智商。经过实验研究发现，章鱼具有独自学习能力，还具备独自解决复杂问题的思维。作为一种无脊椎动物，章鱼的智商令人十分吃惊。

漏斗喷水是章鱼游泳的主要动力。

眼睛很发达，有良好的视力。

与乌贼不同，章鱼有 8 条腕。

蓝环章鱼——最毒的章鱼

在浅海的珊瑚礁地带生活着一种奇特的章鱼，它们拥有美丽的外表，却身怀一颗“狠毒”的心。它们就是被列为“全球十大最毒动物”之一的蓝环章鱼。蓝环章鱼也叫“蓝圈章鱼”。它们身上的这些环状花纹上的细胞密布着能够反射光线的晶体，当遇到危险时，它们身上的蓝色环就会闪烁，通过身上这些独特的闪烁的环状花纹对其他生物发出警告，表示它们有致命的武器，不要来自讨苦吃。

蓝环章鱼的拿手本领

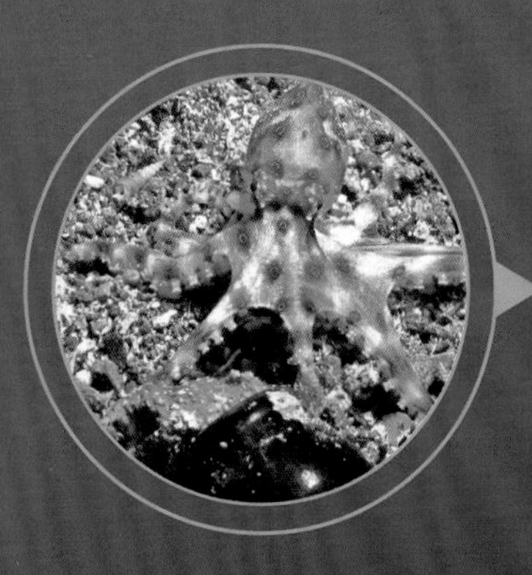

蓝环章鱼不仅是用毒高手，还有一项变色的伪装神技。它们可是海洋中的伪装大师！它们不仅浑身布满了漂亮的花纹，皮肤表面还含有颜色细胞，通过改变不同颜色细胞的大小，来随意变换身体的颜色，甚至模样都会跟着改变。它们在身处不同的环境中时，可以将自身颜色变成跟环境相似的颜色来保护自己。

大蓝环章鱼

体长：约20厘米	分类：八腕目章鱼科
食性：肉食性	特征：身上有明亮而鲜艳的蓝色环纹

中了毒，要如何急救

如果不小心中了蓝环章鱼的毒，该怎么办？由于蓝环章鱼的毒素会导致人窒息，还会阻止血液凝固。因此，中毒后应该在第一时间按住伤口，然后持续地做人工呼吸，直到中毒者能够恢复自主呼吸为止。蓝环章鱼毒液的浓度会随着人体的新陈代谢而降低，只要保证这段时间的呼吸和心跳不停止，成功撑过24小时，中毒者就有机会完全恢复。

身体表面有着明亮而鲜艳的蓝色环纹，蓝环章鱼也是由此得名。

和其他章鱼一样，蓝环章鱼也有8条腕。

水母——美丽的水中舞者

水母属于刺胞动物门，是一种古老的生物，早在6.5亿年前就已经存在于地球上了。水母遍布于世界各地的海洋之中，比恐龙出现得还要早。水母通体透明，主要成分是水。它们的外形就像一把透明的伞，根据种类不同，伞状的头部直径最长可达2米。头部边缘长有一排须状的触手，触手最长可达30米。水母透明的身体由两层胚体组成，中间填充着很厚的中胶层，让身体能够在水中漂浮。它们在游动时，体内会喷出水来，利用喷水的力量前进。有些水母带有花纹，在蓝色海洋的映衬下，就像穿着各式各样的漂亮裙子，在水中跳着优美的舞蹈，灵动又美丽。

软绵绵没有牙齿，水母吃什么

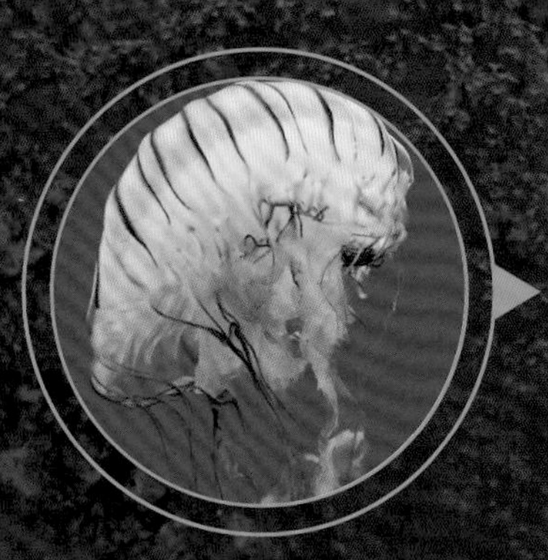

水母属于肉食性动物，主要以水中的小型生物为食，如小型甲壳类、多毛类或小的鱼。水母虽然长得温柔，但是发现猎物后，从来不会手下留情。它们伸长触手并放出丝囊将猎物缠绕、麻痹，然后送进口中。水母口中分泌的黏液可以将食物送进胃腔，胃腔中有大量的刺细胞和腺细胞，它们将猎物杀死并消化，消化后的营养物质通过各种管道送到全身，未消化的食物残渣从口排出。

水母的生殖腺在它们的伞盖里面。

水母的伞盖通常比较光滑，不过也有形状特殊的种类,例如帆水母等。

水母的触须生长在伞盖的边缘，而它们身体下方的触手则被称为口腕。

水母

体长：大小不一	分类：钵水母纲
食性：肉食性	特征：身体分为伞部和口腕部两个部分

可怕的水母也有朋友吗

就像犀牛有犀牛鸟一样，在浩瀚的海洋中，水母也有它们的好朋友。它们是一种被叫作小牧鱼的双鳍鲳，体长不到7厘米，小巧灵活，能够在大型水母的毒丝下自由来去。小牧鱼将水母当作保护伞，遇到大鱼就躲到水母的毒丝中，不仅保护了自己，还为水母引来了大量的猎物，从而吃到水母留下的残渣，一举两得。

海葵——简单生物

海葵是中国滨海地区最常见的生物之一，其外表形似一朵艳丽的花，是一种无脊椎的腔肠动物。海葵结构简单，有捕食的能力。它们捕食的范围很广，包括软体动物、甲壳类动物等。海葵喜欢独居，也会与生物产生斗争，能产生毒素，能够很好地保护自己。海葵为单体的两胚层动物，无外骨骼，形态、颜色各异，通常身长2.5~10厘米，有一些甚至可长到180厘米。其辐射对称，桶形躯干，上端有一个开口，开口旁边有触手，触手起保护作用，上面布有微小的倒刺，可以抓紧食物。

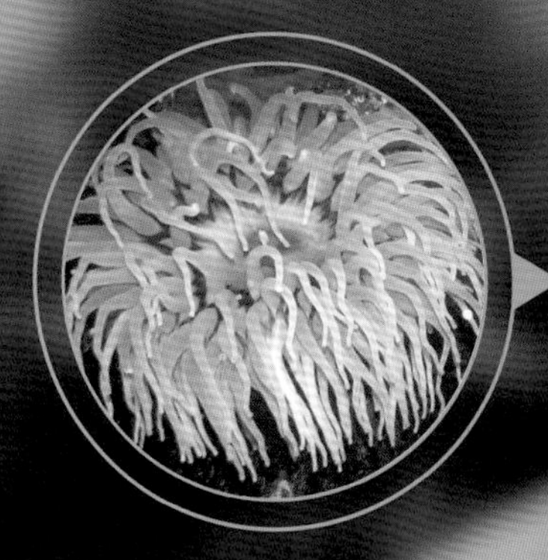

有毒性

海葵结构很简单，行动缓慢，身上有很多条触手，其触手上存在一种特殊的带刺的细胞，会释放毒性物质。触手主要起的是保护作用，也可以用于捕食。

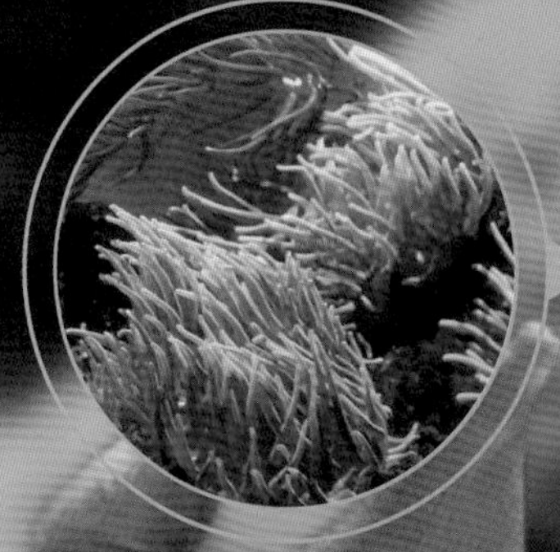

长寿

海葵的寿命很长，大大超过了具有百年寿命的海龟以及珊瑚等，是世界上最长寿的海洋生物，可谓是真正的长寿者。据科学家研究发现，其寿命可以达到1500~2000岁。

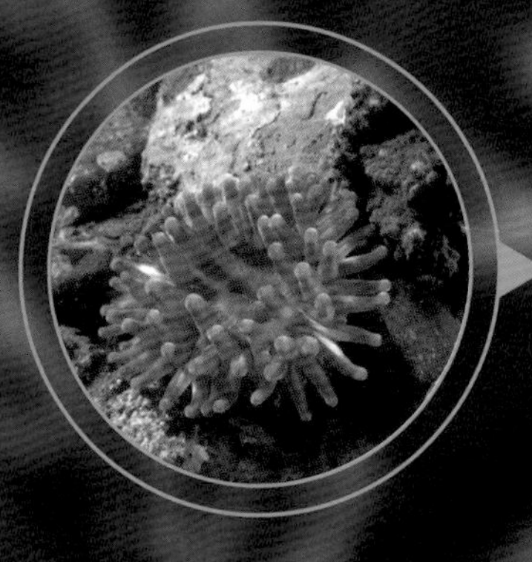

构造简单

海葵构造十分简单，它没有其他动物的基本构造，连最低级的大脑结构也没有，所以没有攻击性，常常会依靠别的生物。

海葵看上去好像一朵开放的花。

海葵种类较多，不同的海葵颜色不同。

海葵体呈圆柱形，下端稍膨大，上端为扁圆的口盘。

海葵是无脊椎动物，一般缓慢地移动。

海葵

体长：大小不一	分类：珊瑚虫纲六放珊瑚亚纲海葵目
食性：杂食性	特征：外表形似一朵花，软而美丽

珊瑚——漂亮外表

珊瑚是海底常见的生物，也是被人们所熟知的海底生物之一，常存在于温度高的海底。珊瑚形态多呈树枝状，上面有纵条纹，每个单体珊瑚横断面有同心圆状和放射状条纹，颜色一般呈白色，也有少量蓝色和黑色。珊瑚不仅颜色鲜艳美丽，还可以做装饰品，珊瑚是幼体的珊瑚虫所分泌出的外壳，常以集合体的形式出现。

形状独特，呈树枝状，颜色美丽。

美丽外表

珊瑚有着其他动物不一样的外形，其外形像一样能自由飘动的花草树木一样。而且颜色鲜艳而美丽，可以有不同的颜色，以白色的珊瑚最为常见。

多存在于海底岩礁、缝隙等中。

喜爱高温度

珊瑚喜爱温度在20℃以上的地区，所以常分布于赤道附近的地区的海底的一两百米内。因为它是无脊椎动物，所以珊瑚喜欢在接近热带的海洋里自由飘摇。

珊瑚	
体长：大小不一	分类：珊瑚纲珊瑚目
食性：杂食性	特征：单个珊瑚形状像树枝一样，颜色一般为白色

是海洋存在的无脊椎的动物。

颜色可以多种多样，主要以白色为常见。

利用价值高

由于珊瑚有非常好看的外表以及鲜艳的颜色，所以经常被用于工艺品以及装饰品的加工。不仅如此，珊瑚有着很高的药物利用价值，可以作为药物的原材料，治疗疾病，其药物利用价值无可取代。

海星——海中的星星

《海绵宝宝》中憨厚的派大星给人们留下了深刻的印象。现实中的海星是一种棘皮动物，身体扁平，通常有5条腕，有的特殊种类则多达50条腕，在腕下还长有密密麻麻的管足。海星的整个身体是由许多钙质骨板和结缔组织结合而成的，体表有突出的棘。每只海星的颜色都不相同。大多数海星是雌雄异体，在腕的基部有生殖腺。有些海星会将生殖细胞释放到海水中，另外一些成年海星则会守护着它们的卵直到卵孵化成幼体海星。海星的幼体经过一段时间的浮游生活之后，会发育成成年海星的样子沉到海底生活。还有一小部分海星属于雌雄同体，雄性先成熟，年龄大了变成雌性。

海星腹面的沟槽叫作步带沟，它们的管足就是从这里伸出来的。

海星只有 5 个角吗

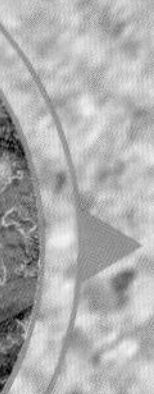

我们最常见的海星有5条腕，但其实海星不全是 5 条腕的，有一些海星有6～10条腕，或者更多。因为海星属于棘皮动物门，这一门类具有五辐射对称性。它们的祖先曾是左右对称的，海星的幼体也是左右对称的，后来才长出了5条腕。许多较为固定的海洋生物都演化出了辐射对称，这也是与它们的生活环境相适应的结果。

神奇的再生能力

海星具有强大的再生能力，如果把它撕成几块扔进海里，它的每一块碎片都能再长成一个完整的新海星。海星失去腕、体盘以后都能够再生，截肢对于它们来说只是小事一桩。科学家发现在海星受伤以后，其体内的后备细胞将自动激活，这些细胞可以通过分裂和分化与其他组织合作，重新生长出缺失的部分。

多棘海盘车	
体长：15 ~ 30 厘米	分类：多棘目海星科
食性：肉食性	特征：身体颜色多样，有细小的

背面有许多凸起的棘和疣状物。

依靠体内水管的作用，海星也能做出抬起腕或者扭转身体的动作。

海胆——海中“刺”客

在神秘的海底，生存着一种浑身长满刺的球体，这种生物叫作海胆。它们长得像毛栗子一样，圆圆的身上有很多尖刺。与海星和海参一样，海胆也是一种棘皮动物。它们的身体呈球形、盘形或心形，没有像海星一样的腕，只有一个长满了刺的坚固的壳。海胆喜欢生活在有岩石、珊瑚礁的地方，以及硬质的海底，主要靠管足及刺运动。海胆是海洋中最长寿的生物之一，它们在生物学的研究中具有重要的作用。

古老的生物海胆

海胆已经在地球上生存了亿万年，是一种非常古老的生物。我们已经发现的古生代和中生代的海胆化石多达5000种，最早的海胆化石是在奥陶纪早期的岩石内发现的。科学家认为，古生代的海胆可能是生活于较平静的海面，因为这一时期它们的外壳较薄。从三叠纪时期开始，它们的数目和种类不断增加，中生代和新生代是它们最辉煌的时期。

有毒的海胆

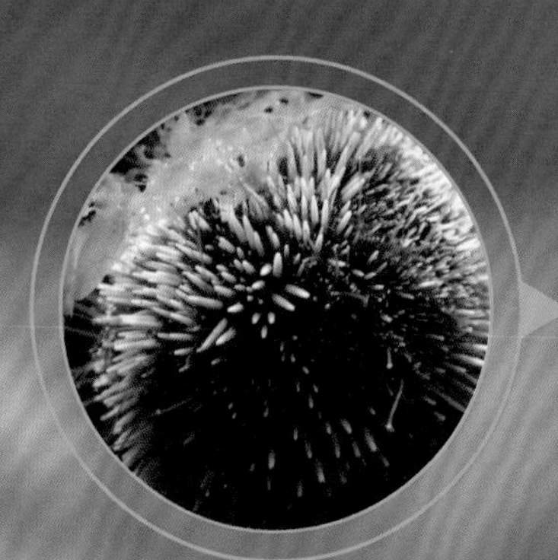

海胆的种类有很多，其中很多种类是带有毒素的。往往是那些看上去更加美丽耀眼的海胆带有毒素。在南海珊瑚礁中生活着一种环刺海胆，它们的环刺上带有白色和绿色彩带，闪闪发光，非常美丽。但是一定要收起你的好奇心，不要去触摸它们，因为在刺的尖端长有倒钩，一旦刺进皮肤，刺就会断在皮肤里，毒液也会进入人体，导致中毒。

刺冠海胆	
体长：约 7 厘米	分类：管齿目冠海胆科
食性：杂食性	特征：甲壳上有非常长的尖刺

海胆的刺是可以动的，这些刺也能帮助海胆爬行。

海胆喜欢在长满藻类的礁岩上活动，取食这里的藻类。

海参——珍贵名品

海参，又叫“海鼠”或者“刺参”，因为它们的身体圆而胖，形似老鼠，而且表面有肉肉的刺状疣足，由此而得名。它们主要生存于海洋，拥有很高的利用价值，所以从古至今都被视为珍贵的生物。海参长有肛孔，可以用作呼吸以及排出废物。

变色能手

海参有变色的能力，它们会随着环境的不同而变换颜色，在岩石附近的海参常常是淡蓝色或者棕色的，而在海洋植物中生存的常常为绿色的，这样的特性能够很好地保护自己，避免受到伤害。

价值极大

海参稀有而且价值高，也是珍贵的药材，具有延缓衰老、抗肿瘤等功效。

蛇目白尼参

体长：30 ~ 50 厘米	分类：楯手目海参科
食性：杂食性	特征：单个珊瑚放射状条纹，形状像树枝一样，颜色一般为白色

海参身体胖而短。

海参身体上有多个肉刺状的结构。

第四章 浅海与深海

世界上海洋的平均深度为4000米，光照随着深度增加而不断减弱，深海就成了一种神秘的存在。从波光粼粼的海面到常年黑暗的深海区，光照的减弱不仅影响了能见度、颜色和温度，还影响了食物的供应。

距离海面 200 米以内，有充足的阳光，海水被照亮，滋养了那些依靠阳光生存的浮游生物。浮游生物是海洋生物的主要食物来源，因此大部分海洋生物都生活在这一区域。

浮游生物

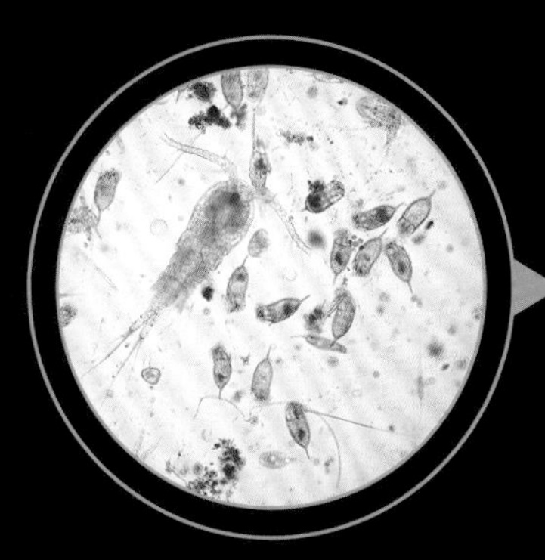

海藻等浮游植物不仅需要光来维持生长，而且还需要矿物质营养来形成活组织，这些活组织为其他海洋生物的生长提供了基本的食物。在沿岸浅海海域，河流流经陆地汇入海洋，带来了丰富的矿物质营养。阳光照射加上大量的营养物质，浮游植物在此迅速繁殖。它们如此密集，以至水面呈现出云状的绿色。海域看起来像是被污染了，其实是水中充满了微生物所导致的。

200 m 透光层

1 000 m 弱光层

4 000 m 无光层

海沟

200 米以下的海洋光照不足，那些依赖阳光获取能量的生物无法在此生存，致使在这里生活的生物相比透光层要少得多。

化学光源

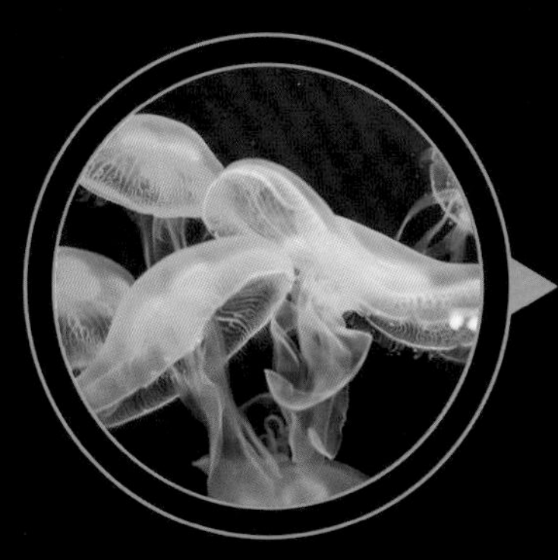

很多生活在弱光层的动物身上布满了可以发光的器官，这些动物包括枪乌贼、鱼类、水母。这些动物发出的光称为生物荧光，产生于化学反应中，在该反应中能量可以通过光的形式释放出来。

4000米以下的深海，没有任何光。一般而言，海洋的深度是无光层的4倍，而且通常会更深，可以说世界上大部分海水处于黑暗中。

致命吸引

那些白天生活在弱光层的小动物会沦为其他动物的猎物。这里的很多动物长相都非常奇特，弱光层是它们的狩猎场。在海洋表面1000米以下的地方，弱光层微弱的蓝色光芒逐渐消失了。可以发光的动物是此处唯一的光源，它们体内有可以发光的器官，可以吸引其他海洋生物“自投罗网”。

奇异瑰丽的海洋植物

海洋植物有两大类：浮游植物和底栖植物。海洋植物是自然界所有植物的祖先，它们是由单细胞藻类逐步进化而成的。无论是人们爱吃的海带、裙带菜和紫菜，还是用作工业原料的硅藻，都显示了海洋植物巨大的经济价值。

上浮

海藻需要光照，因此必须生长在海洋表层。有些海藻在海洋中漂浮，但是大部分海藻都依附在下浅海海床的岩石上。很多海藻长有可以充气的浮囊，这样就可以漂浮起来，尽可能地贴近海面，吸收光能。

地球上最大规模的迁徙，上下游动

很多海洋生物白天生活在弱光层，它们晚上向上游到海洋表层捕食海藻和其他浮游生物。当黎明来临时，它们又会下沉，回到弱光层，通过这种方式躲避其他动物的捕猎。这种上下运动是一种长途旅行，每次需要3个多小时，这种动物运动每天都会发生，周而复始，因此人们认为这是地球上最大规模的迁徙。

你知道吗？

幽深的海底常年一片漆黑，刺骨寒冷。海底平原被柔软的泥沙覆盖着，很多泥沙由浮游生物的尸体分解而成。很多动物擅长收集并吞食浮游生物的尸体，海底为它们提供了生长所需的食物。

大堡礁——海洋中的“梦幻天堂”

由于有大量经由河流等搬运来的沉积物质和海蚀作用剥蚀下来的物质，浅海带沉积物来源十分丰富，加上浅海带生物丰富，发育有很多珊瑚礁，而大堡礁是其中最有代表性的。这里是地球最神奇的海洋乐园，也是世界七大自然奇迹之一。澳大利亚大堡礁是这个世界上景色最美、规模最大的珊瑚礁群。沿着澳大利亚热带海岸，绵延2000多千米的大堡礁，由3000多个珊瑚礁岛组成，总面积达34.5万平方千米，是在月球可观测到的生态系统之一。

大堡礁的生态

大堡礁是世界上最大的珊瑚礁群，也是海洋中的“热带雨林”。华丽的狮子鱼、色彩斑斓的蝴蝶鱼、彩旗毒液的石鱼，4000多种棘皮动物和1500多种海洋鱼类生活在这里，更有濒临灭绝的座头鲸来到这里繁衍后代……不计其数的海洋生物生活在这片由珊瑚虫建造的海底世界当中。正是这诸多的自然力量，让大堡礁形成了微妙的自然平衡。

从地球新生代开始的板块移动，使澳大利亚东部经历了一段陆地抬升时期，加之受当时旺盛的火山活动影响，珊瑚海盆地形成。2400万年前，水温升高，部分珊瑚开始生长。1000万年前，海平面下降，加剧了砂石的堆积，砂石所堆积的地方成为珊瑚生长的基底。40万年前进入的间冰期，使这个区域的海水温度又上升了4摄氏度左右。从此，珊瑚开始生长，它们逐渐建构出我们现在所看到的大堡礁雏形。

珊瑚礁的形成

大堡礁最负盛名的就是它美丽的珊瑚礁群，而这个庞大珊瑚礁群的建造者是一种被称为珊瑚虫的微小生物。珊瑚虫的每个触角上有上百万株微型植物，这些植物能够吸收海水中的钙与二氧化碳，为珊瑚虫生成坚硬的外壳，这些外壳不断堆积形成了珊瑚。无数的珊瑚虫向高处和两边世代发育繁衍，最终建造成了“海底大都市”，而这个“海底大都市”也成为上万种海洋生物共同的栖息地。

珊瑚虫

珊瑚礁主体是由珊瑚虫组成的。珊瑚虫具有附着性，许多珊瑚礁的底部常常会附着大量的珊瑚虫。每一个珊瑚虫都有一个中空而底部密封的柱形身体，肠腔与四周的珊瑚虫连接，口部位于身体中央，四周长满触手。每一个单体的珊瑚虫只有米粒大小，它们一群一群地聚集在一起，一代一代地新陈代谢，生长繁衍，同时不断分泌出石灰石，并黏合在一起。这些石灰石经过挤压、石化，形成岛屿和礁石，也就是所谓的珊瑚礁。

珊瑚对生态环境的要求非常高，需要干净的水质和适宜的温度。哪里海水清洁，含氧量高，哪里的珊瑚就会生长茂盛。反之，若海水被污染变得浑浊无法透进充足的阳光，珊瑚就会因得不到充分的养分而大量死亡。

珊瑚白化危机

珊瑚白化就意味着珊瑚的死亡。在正常情况下，珊瑚本应该呈现丰富的色彩，这些色彩来自珊瑚体内的共生藻，这些海藻通过光合作用为珊瑚提供能量，如果共生藻死亡或离开，珊瑚也会因失去营养供应而死亡。目前由于全球气候变暖，大堡礁的珊瑚白化问题日益严重，这片世界上最大的珊瑚礁群也正面临着前所未有的危机。

你见过会使用工具的鱼吗?

大堡礁，有一种智慧与美貌并存的鱼，因为它口中的四枚牙齿十分醒目，人们称它为猪齿鱼，它是迄今为止发现的唯一会利用工具的鱼类。当它在水底发现蛤蜊时，会对蛤蜊进行“深加工”，用牙齿叼着蛤蜊，反复在石头上撞击，直到蛤蜊的外壳被打破，它就可以品尝胜利的果实了。

大堡礁位于南半球的澳大利亚东北部昆士州对岸，是世界上最大最长的珊瑚礁群。它北起托雷斯海峡，南到南回归线以南，绵延2011千米，纵贯大洋洲的东北沿海，最宽处达161千米。在落潮时，部分珊瑚礁露出水面形成珊瑚岛。

这里景色迷人、险峻莫测，水流异常复杂，生物种类多达百万种。大堡礁由400多种绚丽多彩的珊瑚组成，无数海洋生物栖居其中，具备得天独厚的科学研究条件。这里还有很多濒临灭绝的物种，如儒艮和巨型绿海龟等。

棘冠海星

作为食肉动物的棘冠海星，最爱吃的食物就是珊瑚，它们会将珊瑚表面的珊瑚虫吃掉，留下白色的珊瑚骨骼。有时，受到海洋环境的影响，棘冠海星的数量会突然暴增，这将是珊瑚礁的灾难，仅几天内棘冠海星就会将珊瑚吃得面目全非，对珊瑚礁生态造成严重的破坏。在1970年，大堡礁五分之一面积的珊瑚就遭到棘冠海星群的破坏。

鸡心螺

鸡心螺，又称芋螺，在热带海域会经常看到它们的身影，它们以海洋中的蠕虫类动物、小鱼或其他软体动物为食。有些鸡心螺是含有剧毒的，它们在捕猎时，会把身体埋进沙子中，用长长的“鼻子”在沙子外等候猎物，当猎物经过时，它会射出一支毒针，在几秒钟内将毒素注射到猎物体内，最终将猎物捕杀，拖入口中。在海边遇到它们的时候一定要小心，一只含有剧毒的鸡心螺的毒液，就足以让一名成年人失去性命。

绿海龟

绿海龟在大海中旅行了数百千米，回到了它出生的海滩——大堡礁，它们准备在这里繁衍下一代。上岸前，水中的蝴蝶鱼为它们提供了“清洁服务”，清理了绿海龟在几个月旅行中积累的死皮与寄生虫。它们登陆了大堡礁北边的雷恩岛，这里被认为是世界上最大的绿海龟聚集地，每年都有几万只海龟到此繁衍后代，成为全世界最壮观的海龟筑巢地之一。

小濑鱼和龙趸

龙趸，又称作巨型石斑鱼，它们生活在热带的珊瑚礁海域，是这个海域内嘴巴最大的鱼，它们以海洋中的小型鱼类与虾类为食。但有一种鱼它们不会吃，这种鱼叫小濑鱼。每当巨型石斑鱼张开大嘴，小濑鱼就会扇动鱼鳍游进它的嘴巴里，帮助巨型石斑鱼清理它口中的寄生虫，避免巨型石斑鱼因寄生虫而生病。

大陆架

大陆架是大陆沿岸土地在海面以下向海洋的自然延伸，可以说是被海水所覆盖的大陆。通常认为，大陆架是陆地的一部分。大陆架内海水的深度一般不超过200米，海床的坡度很小。在大陆架外是大陆坡，海床坡度突然增大，平均水深在1500～3500米。从大陆坡起海床又趋平缓，坡度很小，称为大陆隆，平均水深4000米。大陆隆之外是深洋底（海底平原）。大陆架、大陆坡和大陆隆合称大陆边或大陆边缘。

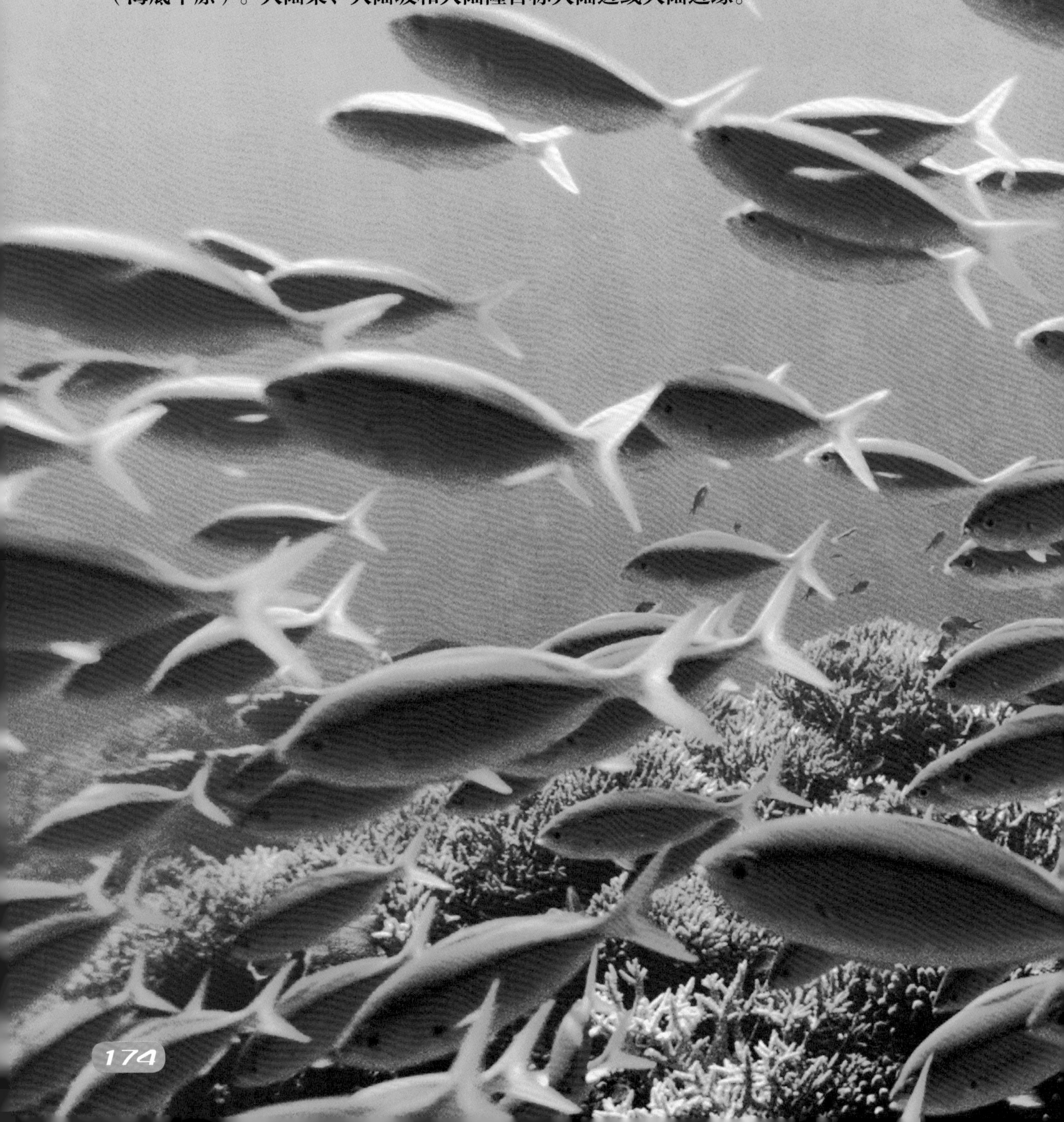

海岸线
海底峡谷
大陆架
大陆坡
大陆隆

大陆坡

大陆坡介于大陆架和深洋底之间，是联系海陆的桥梁，它一头连着陆地的边缘，一头连着大洋。大陆坡分布在平均水深1500～3500米的海底，宽度为20～100千米，全球总面积约2870万平方千米，占地球表面积的5.6%。大陆坡由于隐藏在深水区，因此很少受到破坏，基本保持了古大陆分裂时的原始形态。大陆坡的坡度很陡，表面极不平整，而且分布着许多巨大、深邃的海底峡谷。海底峡谷有的横切在斜坡上，有的像树枝一样分杈，将大陆坡切割得支离破碎。大陆坡向下或过渡为大陆隆，或陡降至深海沟。

大陆坡底质以泥为主，还有少量沙砾和生物碎屑。大陆坡上的沉积物，主要来自大陆。河流带入海中的泥沙，经过大陆架被搬运到大陆坡。

洋中脊

洋中脊是世界上最长的山脉，它总长度约8万千米。洋中脊存在于所有大洋盆地中，并且几乎把大西洋、印度洋各分为两部分，故洋中脊通常又被称为大洋中脊。洋中脊高于两侧洋底，地形崎岖不平，脊部多由海山群（呈不规则排列的密集成群的海山）和深海丘陵组成。自脊顶向两边地带，随着沉积层逐渐增厚，地形起伏也逐渐开始平缓，向下过渡为深海平原。

洋中脊的特征

纵向延伸的中央裂谷和横向断裂带是洋中脊最突出的特征。中央裂谷是沿正断层经过显著错断形成的、伴有地震和火山活动的巨型凹地。

深海平原

深海中也有和陆地平原一样的地貌，这就是深海平原。深海平原是大洋深处平缓的海床，是地球上最平坦和最少被开发的地域。它们位于大陆边缘和大洋中脊之间，延展数百千米宽。深海平原的起伏通常很小，每千米相差10～100厘米。

深海平原在世界各大洋中均有分布，大西洋是深海平原分布最多的海洋。因为大西洋的陆源沉积物十分丰富，而且大西洋的边缘没有海沟阻隔，所以为深海平原的形成提供了有利的条件。相反，太平洋因周围有许多海沟，所以深海平原在太平洋中十分少见。

海底火山

海底火山的分布非常广泛，大洋底部散布着的圆锥山都属于海底火山。这些火山有的已经死亡，有的则在休眠，有的正处于活跃时期。海底火山有大有小，其中以一两千米高的小火山居多，超过5000米的海底火山则很少，露出海面的海山更是屈指可数。美国的夏威夷群岛就是海底火山的杰作。夏威夷岛上至今还留有5座盾状火山，其中的冒纳罗亚火山海拔4170米，它的火山口直径约5000米，是世界上最著名的活火山之一。在过去的200年中，约喷发过35次。1950年，它曾经大规模喷发过，喷出的熔岩下泻50多千米。

海底火山喷发

海底火山同陆地火山一样，海底火山喷发也会产生大量火山灰和熔岩流，但主要发生在水下，进而在海底引发裹挟大量熔岩等物质的特殊洪流。有的海底火山在喷发中不断向上生长，会露出海面形成火山岛。

海沟

海沟是两壁陡峭、狭长的、水深大于6000米的沟槽。海沟长500～4500千米，宽40～120千米。全世界共有30多个海沟，主要分布于环太平洋地区，也见于印度尼西亚之西的印度洋和加勒比海域。海沟中的沉积物一般较少，主要包括深海、半深海相浊积岩。海沟也是大洋地壳与大陆地壳之间的过渡带。海沟两面的峭壁大多呈不对称的“V”字形，近陆侧陡峻，近洋侧略缓。

在地质学上，海沟被认为是海洋板块和大陆板块相互作用的结果。另外，一些科学家还认为，所有的海沟都与地震有关。环太平洋地震带都在海沟附近。

地质成因

科学家认为，海沟是因为大陆板块与海洋板块相互碰撞而形成的。亚欧板块是大陆板块，地质厚，密度低；而太平洋板块是大洋板块，地质薄，但密度高。当两个板块碰撞时，太平洋板块不断滑入亚欧板块的下方，于是，在两个板块交界的地方，形成了一条巨深无比的大海沟，也就是如今的马里亚纳海沟。

马里亚纳海沟——地壳上的神秘“疤痕”

这里是每一位航海家都想要到达的地方，这里是目前已知的海洋最深处，来到这里仿佛踏入了另一个世界，这就是马里亚纳海沟。如果将珠穆朗玛峰沉入马里亚纳海沟内，这座世界最高峰的峰顶根本无法露出水面。假如置身于环境恶劣的马里亚纳海沟中，那会是怎样一种体验呢？

中国的载人潜水器

2012年，由我国自行设计、自主集成研制的载人潜水器“蛟龙”号，经过6次试潜，最终成功下潜到马里亚纳海沟的7062米处，创造了中国载人深潜纪录，也创造了世界同类作业型潜水器的最大深潜纪录。2020年10月27日，中国的“奋斗者”号载人潜水器再次刷新了中国载人深潜纪录，成功在马里亚纳海沟坐底，坐底深度达10 909米。成功完成了深海科考作业。

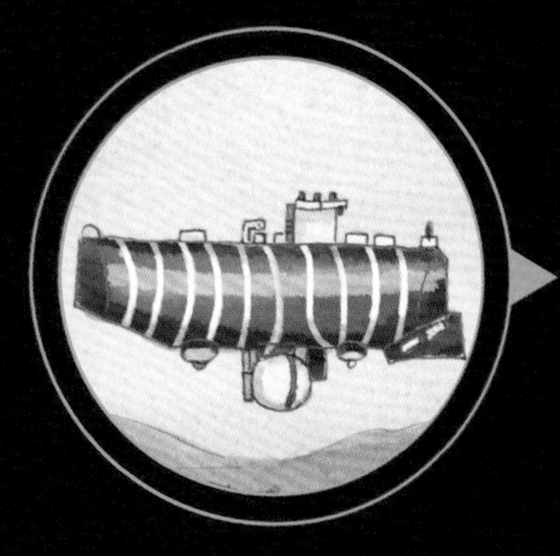

探索海洋的好帮手——潜水器

想要探索人类未知的深海世界，需要一种必备的工具——潜水器。潜水器是一种潜水装置，方便科研人员勘探海底世界，可以成为潜水员活动的水下基地。载人潜水器由工作人员驾驶操作，能快速、精确地到达深海复杂的环境，进行科学考察工作。

马里亚纳海沟中的垃圾

目前海洋中的垃圾总量预计超过约3亿吨，仅漂浮在海面的塑料垃圾就超过25万吨，规模庞大的塑料污染已经从海面逐渐扩散至海底，影响了整个海洋的生态圈。马里亚纳海沟也难逃塑料污染的魔爪，潜水探测器曾在马里亚纳海沟11 000米处发现了一个塑料袋，这是迄今为止地球最深处的塑料垃圾，且在马里亚纳海沟某些海域化学污染已经超标，而这些污染很有可能是来自海洋中的塑料污染。

马里亚纳海沟的狮子鱼

2014年，国外科学家在马里亚纳海沟约8145米处发现了一种生物，这是当时已知生活在海洋最深处的生物，它就是深海狮子鱼。2016年，我国自主研制的“天涯号”着陆器从马里亚纳海沟约7000米深的多个地点捕获这种狮子鱼，它们是超深渊区食物链的顶端的生物。虽然它们有透明的皮肤、柔软的骨骼以及不完全封闭的颅骨，看上去就像一个白色的大蝌蚪，却可以适应海洋最深处的极端恶劣环境。

短脚双眼钩虾

短脚双眼钩虾是少数的深海栖息者之一，在水下10 000米的地方，依然可以看到它们的身影。大多数短脚双眼钩虾体长2~5厘米。短脚双眼钩虾独特的消化系统让它们能提取海底泥土中的铝离子，并将这些铝离子融入自己的外骨骼表面，形成自己的“铝制装甲”，可以让它们在10 000米下的深海中毫无压力地生活。

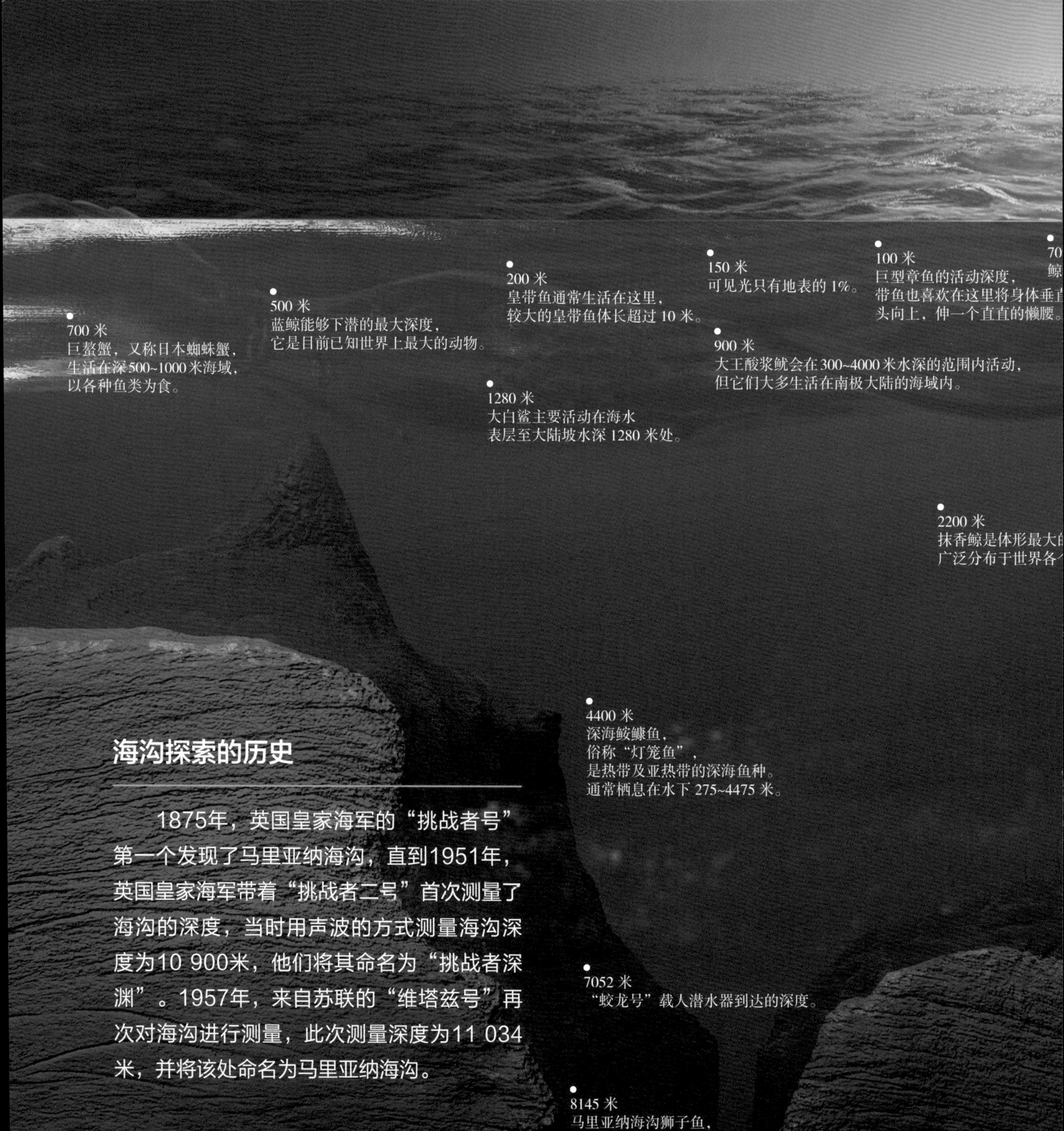

70
鲸

100 米
巨型章鱼的活动深度，
带鱼也喜欢在这里将身体垂直
头向上，伸一个直直的懒腰。

150 米
可见光只有地表的 1%。

200 米
皇带鱼通常生活在这里，
较大的皇带鱼体长超过 10 米。

500 米
蓝鲸能够下潜的最大深度，
它是目前已知世界上最大的动物。

700 米
巨螯蟹，又称日本蜘蛛蟹，
生活在深 500~1000 米海域，
以各种鱼类为食。

900 米
大王酸浆鱿会在 300~4000 米水深的范围内活动，
但它们大多生活在南极大陆的海域内。

1280 米
大白鲨主要活动在海水
表层至大陆坡水深 1280 米处。

2200 米
抹香鲸是体形最大的
广泛分布于世界各

4400 米
深海鮟鱇鱼，
俗称“灯笼鱼”，
是热带及亚热带的深海鱼种。
通常栖息在水下 275~4475 米。

海沟探索的历史

1875年，英国皇家海军的“挑战者号”第一个发现了马里亚纳海沟，直到1951年，英国皇家海军带着“挑战者二号”首次测量了海沟的深度，当时用声波的方式测量海沟深度为10 900米，他们将其命名为“挑战者深渊”。1957年，来自苏联的“维塔兹号”再次对海沟进行测量，此次测量深度为11 034米，并将该处命名为马里亚纳海沟。

7052 米
“蛟龙号”载人潜水器到达的深度。

8145 米
马里亚纳海沟狮子鱼，

60 米
虎鲸喜欢在这个深度活动，偶尔也会潜入300米的深处去寻找食物。

40 米
如果你是受过训练的潜水员，你可以轻松下潜到这里。

20~30 米
各种鱼类与浅水珊瑚生活在这里。

1~3 米
游泳戏水深度。

1300 米
哥布林鲨又名欧氏尖吻鲨，是一种深海鲨鱼。

3800 米
全世界海洋的平均深度。

6000 米
即将进入马里亚纳海沟。

0 米
1000 米
2000 米
3000 米
4000 米
5000 米
6000 米
7000 米
8000 米
9000 米
10 000 米
11 000 米

你知道吗？

在马里亚纳海沟距离海平面10 000米的地方，生活着一种叫巨型阿米巴虫的单细胞海底生物。它刷新了单细胞生物的最深生存纪录，巨型阿米巴虫的尺寸让人惊叹，作为一个单细胞生物，它的单个细胞直径常常可以超过10厘米，是地球上已知的最大的单细胞生物。

第五章 海岸和海滨

海岸带

海岸带是将陆地和海洋分开，同时又把陆地和海洋连接起来的海陆之间最亮丽的一道风景线。但是，它不是一条固定不变的分界线，而是在潮汐、海浪、生物、气候等因素的共同作用下，每天都发生变动的一个地带。

世界海岸线长约44万千米。在漫长的海岸线上的海岸带，蕴藏着极为丰富的自然资源。

岩石海岸

岩石海岸是由坚硬岩石组成的海岸。岩石海岸常有突出的海岬，在海岬之间，形成深入陆地的海湾。岬湾相间，绵延不绝，海岸线蜿蜒曲折。我国的辽东半岛、山东半岛以及杭州湾以南的浙、闽、粤、桂、琼等省，岩石海岸分布较广。岩石海岸最为壮观的景象是从海上奔腾而来的巨浪在悬崖峭壁上撞出冲天水柱，并发出阵阵轰鸣声。

海岸的石崖是鸟类的天堂

在一些海岸，由于海浪的不断侵蚀和冲刷，再加上地球内力作用产生的断层，岩石发生了断裂，陡峭的山崖便出现了。有些断崖结构松散，很容易破碎，经过千百年风化和自然侵蚀，崖壁渐渐形成石阶、石台、石龛等，成千上万只鸟儿在这里安家。鸟儿在这里生活、栖息、觅食、嬉戏、抚育小鸟，这里是鸟类的天堂，也是海岸边最亮丽的一道风景线。

沙砾质堆积海岸

沙砾质堆积海岸是由砾石（粒径大于2毫米）或沙（粒径0.2~2毫米）所组成的海岸。沙砾质堆积海岸主要分布在一些靠近山地或丘陵的狭窄平原地区，由于湍急的河流提供了颗粒较粗的物质，在波浪和激岸浪的作用下堆积而成。这种海岸以我国台湾岛西海岸最为典型，在华北平原的沿海地区也有沙砾质堆积海岸。

淤泥质堆积海岸

淤泥质堆积海岸是在潮汐作用较强的河口附近或隐蔽的海湾内，由堆积物堆积而成的，这类堆积体由0.002~0.06毫米的细颗粒物质组成。

这种海岸地貌形态比较单一，是平缓、宽浅的泥质潮间海滩。淤泥质堆积海岸以北欧的瓦登海海岸最为典型。

极端气候的潮间带

潮间带动物的生活场所，位于陆地和海洋的交界处，潮间带滩涂上。这里要经受暴晒、霜冻、干燥和降雨，还要忍受一次次涨潮被水浸湿和退潮后的干燥，这种栖息环境条件的巨大反差，是任何其他陆地和海洋动物所没有的。

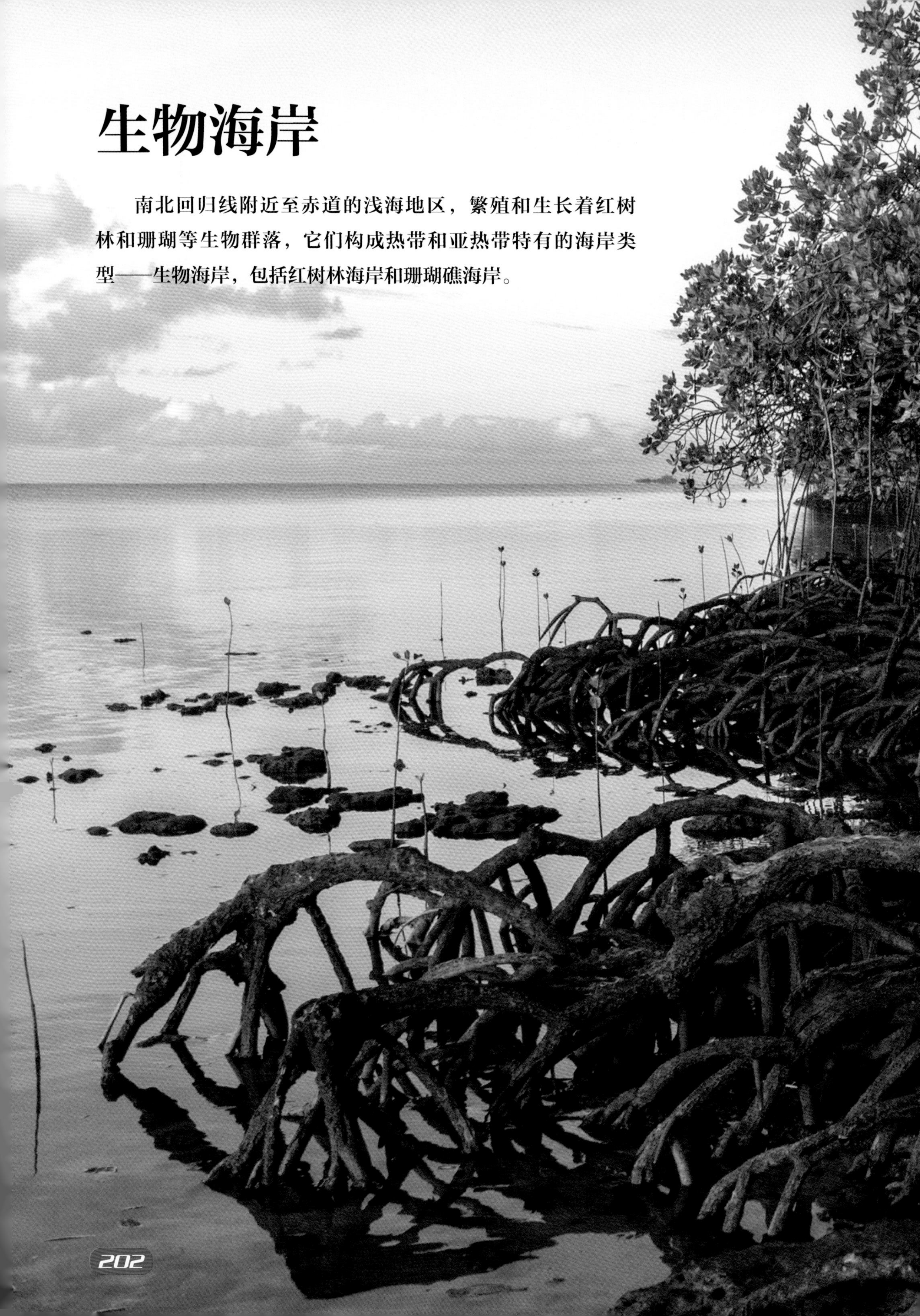

生物海岸

南北回归线附近至赤道的浅海地区，繁殖和生长着红树林和珊瑚等生物群落，它们构成热带和亚热带特有的海岸类型——生物海岸，包括红树林海岸和珊瑚礁海岸。

红树林海岸

由耐盐的红树林植物群落构成的海岸。红树林分布在低平的堆积海岸的潮间带泥滩上，特别是在背风浪的河口、海湾与沙坝后侧等地方更为多见。红树林海岸常常沿河口、潮水沟道向内陆深入数千米。

珊瑚礁海岸

由造礁珊瑚、有孔虫、石灰藻等生物残骸构成的海岸，珊瑚原本只能生长在海水里，因地质运动海底上升从而形成海岸。

冰雪海岸

在遥远的北极，有一片茫茫的冰盖和雪原。北冰洋的海岸非常奇特，在那里很难见到泥沙、岩石，取而代之的是连绵不绝的由晶莹、洁白、纯净的冰雪组成的冰雪海岸。北极地区通常是指北极圈（北纬66° 34′ N）以北的区域，包括北冰洋的绝大部分海冰区、岛屿，欧洲、亚洲、北美洲及格陵兰岛在北极圈以内的陆地。北极地区是一个以海洋为主的地区，海域面积达1300万平方千米，陆地面积仅有800万平方千米。

海岛

当你乘坐飞机在蓝天上翱翔时，碧蓝碧蓝的海面上镶嵌着一颗颗或一串串美丽的“珍珠”，这就是海岛。其中面积较大的称为岛，面积较小的是屿，聚集在一起的岛屿称为群岛，按弧线排列的群岛又叫岛弧，三面临水，一面与陆地相连的称为半岛。

海岛按照成因可以分为大陆岛、海洋岛。大陆岛是指地质结构上与邻近大陆相似的岛。大陆岛原是大陆的一部分，后来海水将它与大陆分开。大陆岛一般面积较大，地势较高。太平洋中的大陆岛主要分布在亚洲大陆和澳大利亚大陆外围，如日本群岛和新西兰的南岛、北岛等。

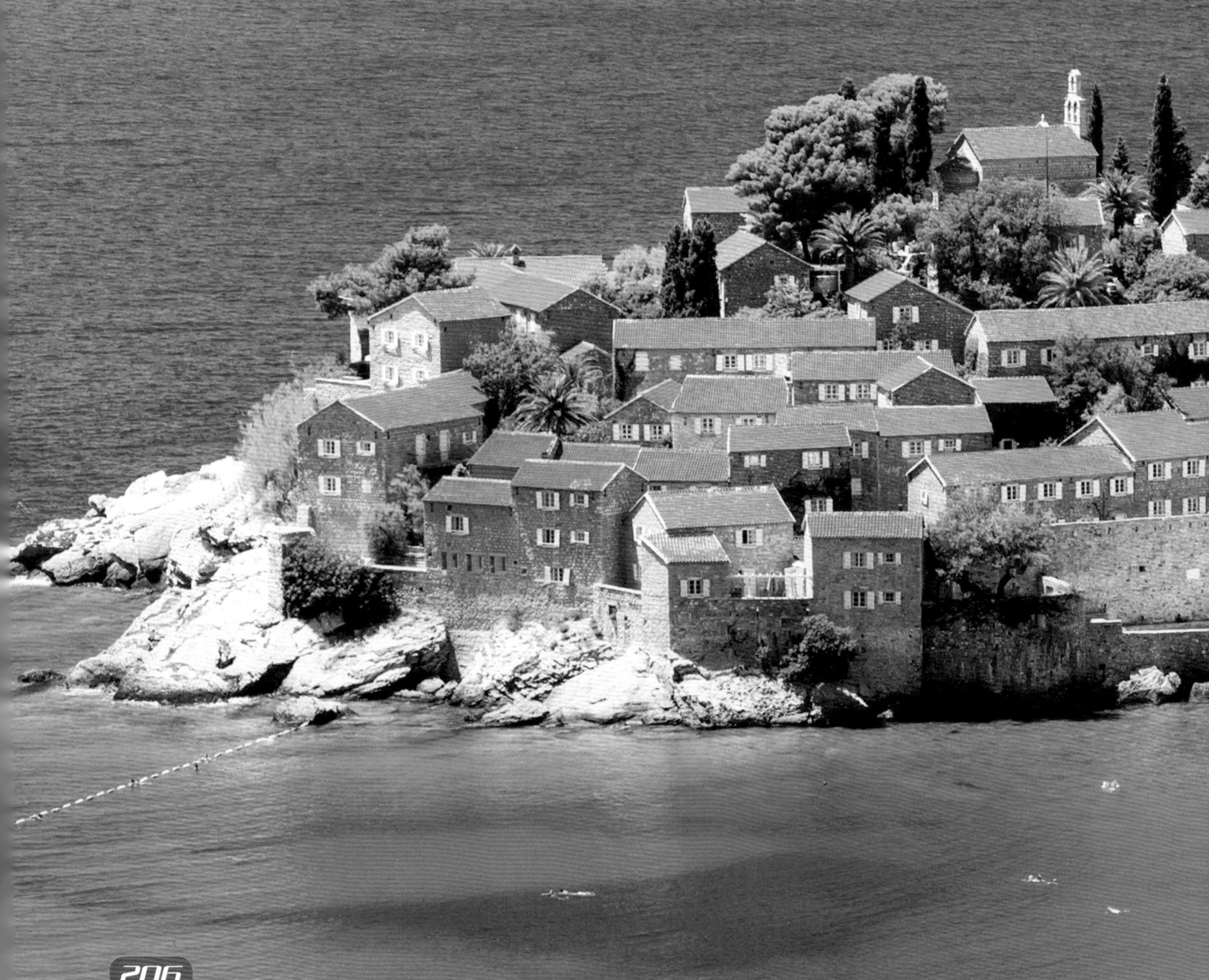

海洋岛

海洋岛是从深海洋盆中升起的岛屿，又称大洋岛，分布于广阔而又深邃的海洋上。海洋岛包括火山岛和珊瑚岛。

火山岛由海底火山的喷发物质（主要是熔岩）构筑而成，也就是耸立于深海底之上的大型火山的顶部。

珊瑚岛分布于热带、亚热带的海洋上，是由珊瑚礁构成的岩岛,或是在珊瑚礁上由珊瑚碎屑等形成的沙岛，大多地势低平。岛上有珊瑚碎屑组成的古堤岸、沙丘和珊瑚灰岩溶蚀形成的沟槽等。中国的西沙群岛、南沙群岛，太平洋中的中途岛，大西洋中的百慕大群岛等都属于珊瑚岛。

加那利群岛

加那利群岛是由北大西洋东部的7个主岛和一些小岛屿组成的火山群岛，总面积约7273平方千米。岛上大多是崎岖山地，海岸陡峭。加那利群岛属亚热带气候，景色宜人，用四季如春来形容一点也不夸张。岛上景物错落有致，美丽如画，高耸的山峦衬托着富饶的山谷，是游客度假的乐园。海滩上散落着大大小小的沙丘，还有些小海滩隐藏在岩石峭壁之间。从山坡上往下看，红屋顶、窗前绿色的护窗板，阳台、房屋周围的花坛，就像是一幅镶在镜框里的画，一切都沐浴在阳光中，呈现出一派欢快、生机勃勃的景象。

百慕大群岛

百慕大群岛位于大西洋西部，由7个主岛和150余个小岛屿、礁群组成，呈鱼钩状分布，其中7个主要岛屿间有桥梁和堤道连接，被称为群岛的“大陆”。

百慕大群岛陆地总面积约53.3平方千米，其中约有20个岛屿有居民居住，共约6.87万人（2011年）。英语是岛上的官方语言，也有人使用葡萄牙语。因为百慕大群岛周围海域经常有船舶、飞机失踪，所以这里也被称为“神秘的百慕大三角区”。

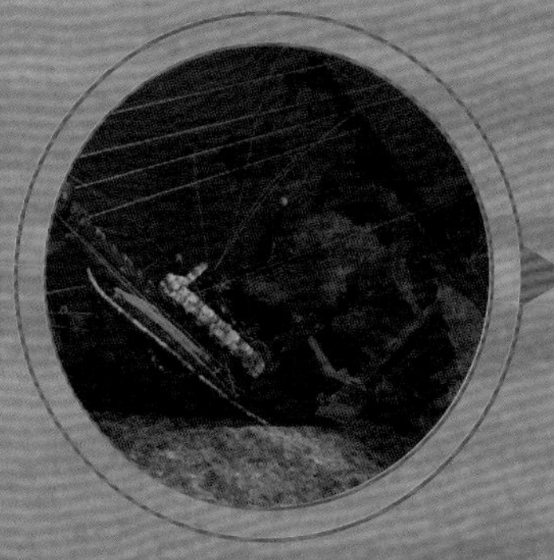
百慕大海底沉船示意图

神秘的百慕大三角

百慕大三角地处北美佛罗里达半岛东南部，具体是指由百慕大群岛、美国的迈阿密和波多黎各的圣胡安三点连线形成的一个东大西洋三角地带，每边长约2000千米。由于这片海域常有难以解释的超常现象发生，因而到了近现代，它已成为那些神秘的、不可理解的各种失踪事件的代名词。

格陵兰岛

格陵兰岛是世界第一大岛，位于北美洲的东北部，在北冰洋和大西洋之间，全岛面积约为217.56万平方千米，其中2/3的面积都在北极圈以内。

格陵兰岛的海岸线非常曲折，长达39 330千米，大约相当于地球赤道一周的长度。该岛最显著的地貌特征是它广大厚实的冰原，其规模之大仅次于南极洲，最厚处约3000米。冰原体积占世界冰川水总量的12%，一旦融化，将使海平面上升6米。

夏威夷群岛

夏威夷群岛位于太平洋中部，是波利尼西亚群岛中面积最大的一个二级群岛，共有大小岛屿132个，总面积16 759平方千米，其中只有8个比较大的岛能住人。

夏威夷群岛是火山岛，也是太平洋上有名的火山活动区，因为这些岛屿正好位于太平洋底地壳断裂带上。其实，整个夏威夷群岛都是由地壳断裂处喷发出的岩浆形成的，直至现在一些岛上的火山口还经常发生火山喷发活动，如夏威夷岛上的基拉韦厄火山、冒纳罗亚火山，毛伊岛的哈里阿卡拉火山，都是经常喷发的活火山。

海湾

海湾是指海岸带向陆地凹进形成的海域部分。通常以湾口附近两个对应海角的连线作为海湾最外部的分界线。

海湾是人类从事海洋经济活动及发展旅游业的重要基地。全世界的大小海湾甚多，主要分布于北美大陆、欧亚大陆沿岸，其中较大的有240多个。世界上面积超过100万平方千米的大海湾共有5个，即孟加拉湾、墨西哥湾、几内亚湾、阿拉斯加湾和哈德逊湾。

海峡

海峡通常位于两个大陆或大陆与邻近的沿岸岛屿以及岛屿与岛屿之间。其中，有的沟通两海，如台湾海峡沟通东海与南海；有的沟通两个大洋，如麦哲伦海峡沟通大西洋与太平洋；有的沟通海和洋，如直布罗陀海峡沟通地中海与大西洋。

海峡或由于构造断裂使两块陆地分开，或由于海水涌入原始狭长的岩性软弱地带，经长期冲蚀使两块陆地分开。海峡的底部多为岩石或沙砾，细小的沉积物较少。全世界有上千个海峡，其中著名的有50余个，如马六甲海峡、直布罗陀海峡、霍尔木兹海峡等。

海峡不仅是海上交通要道、航运枢纽，而且历来是兵家必争之地，人称“海上交通的咽喉”“海上走廊”“黄金水道”。

第六章 极地海域

南极——被企鹅统治的“第七大陆”

南极被人们称为“第七大陆”，200多年前才被人类首次发现，它是地球上最后一个被发现，且唯一没有人类定居的大陆。素有“白色大陆”之称的南极，95%以上的面积被厚度极大的冰雪所覆盖，是全球环境最恶劣的大陆。南极洲平均海拔约为2440米，是世界上平均海拔最高的洲。

企鹅

全世界的企鹅共有18种，大多数分布在南半球。它们行走呈直立姿势，憨态可掬。企鹅常年在极地生活，翅膀已经退化不能飞行，但在水里，企鹅短小的翅膀能强有力地“划桨”，游速可达25~30千米/时。

帝企鹅

帝企鹅像身穿燕尾服走在雪地中的“绅士”。帝企鹅是企鹅家族中的“巨人”，可以在严寒中生活并繁衍后代。走起路来一摇一摆的帝企鹅看似行动笨拙，一旦遇到危险，能够在冰上快速滑行。在水里，帝企鹅更像一个“游泳健将”，短小的翅膀成为它们强有力的“划桨”，游泳速度可达25~30千米/时。

孵蛋的帝企鹅爸爸

当帝企鹅妈妈产下蛋后，帝企鹅爸爸就承担了孵蛋的艰巨任务。在零下40摄氏度的条件下孵出小企鹅，可不是件容易的事。帝企鹅爸爸双脚并拢，用嘴把蛋滚到脚背上，充分利用它的肚子把蛋完全覆盖，如同一床羽绒被，给未来的小宝贝制造出一个温暖舒适的窝。在疯狂的暴风雪中帝企鹅爸爸们为了保暖，背风而立，肩并肩地排列在一起，一动不动，不吃不喝，一心一意地孵蛋。大约60天后，小企鹅破壳而出，此时的帝企鹅妈妈带着充足的食物从海边回来，伴随着帝企鹅一家的团圆，帝企鹅妈妈也从帝企鹅爸爸手中接过了养育后代的重任。这时，筋疲力尽的帝企鹅爸爸才放下重担，奔向大海，寻找食物。

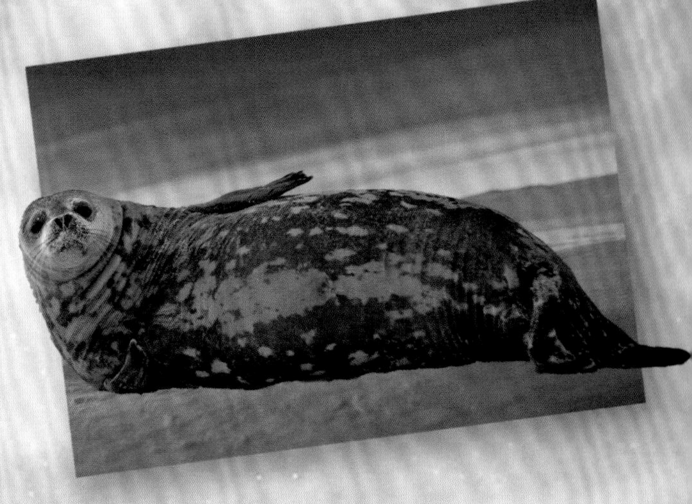

南极风极

南极大陆是风力最大、风暴最频繁的大陆，也被称作世界的“风极”。在南极大陆上，不同的地方风速也会有所变化，一些地方的最大风速会达到每小时100千米。南极大陆是中部隆起向四周倾斜的地形，这种地形非常容易形成“下降风”。当沉重的冷空气从南极顶部高原向四周俯冲而下时，一场可怕的极地风暴便开始了。

韦德尔氏海豹

韦德尔氏海豹是以一位英国航海探险家的名字命名的。这种海豹主要生活在南极洲附近的海域里，是唯一能在南极这种恶劣环境下生存的哺乳动物，它们是一种非常古老的生物，有“活化石”之称。韦德尔氏海豹习惯用牙齿将覆盖在海面的冰层刮出一个大洞，这个大洞既可以让它们随时浮出水面呼吸，又可以进入水中捕食，而且，每当暴风雪来临的时候，它们会通过这个大洞进入海里来躲避风雪的侵袭。

南极的生态环境

南极陆地年平均气温为零下25摄氏度，内陆高原的平均气温为零下52摄氏度，最低气温曾达零下89.2摄氏度，是世界上最冷的陆地。极少有生物能够在这里生存，但南极的海洋中却充满了生机，海藻、珊瑚、海星及许许多多的磷虾栖息在南极大陆周围的海洋中，数量众多的磷虾是南极洲鱼类、鸟类、海豹、企鹅以及鲸的重要的食物来源。

南极深冰芯

南极内陆降水量低，冰雪累积速度非常慢，数千米厚的冰盖可能记录了上百万年的地球气候变化。因此，南极内陆的深冰芯就像是一本“气候天书”，隐藏着地球气候变化的秘密，也被极地科学家称为地球气候的“年轮”和“历史档案馆”。通过冰芯钻探，科学家可以揭开地球古气候之谜、探究全球气候的演变过程并预测地球未来的气候变化趋势。

极昼、极夜

极昼、极夜这两种特殊的自然现象只有在南极和北极才可以看到。当极昼时，太阳终日不落，而极夜便与极昼相反。每年秋分过后，南极附近开始出现极昼，此后南极附近的极昼范围会越来越大，到冬至日时达到最大。冬至日过后，南极附近的极昼范围会逐渐缩小，到春分日时会完全消失，南极即将迎来极夜。

你知道吗？

你见过“流血”的瀑布吗？

麦克默多干谷是南极大陆上最奇特的地区之一，这个地区虽然处在南极，却不会被冰雪所覆盖，“血瀑布”更是这里的一道奇景。每隔一段时间，这里就会喷出富含铁的液体，这些液体遇到空气后迅速被氧化，变成深红色的瀑布。这条瀑布就像一条血色河流，从南极大陆上被撕裂的伤口中流淌而出。

中山站，1989年2月建立，主要为常年科考站

泰山站，2014年2月建立，主要在南极夏天使用

昆仑站，2009年1月建立，目前为度夏科考站

秦岭站，2024年2月建立，目前为常年科考站

长城站，1985年2月建立，主要为常年科考站

中国南极科考站

中国南极科考站是我国设置在南极的科学实验基地，其中包括中国南极长城站、中国南极中山站、中国南极昆仑站、中国南极泰山站，以及中国南极秦岭站。所有的科考站都设有生活栋、科研栋、气象栋、文体栋、发电栋、综合库、食品库等建筑。科考站主要科考观测项目有气象、高分辨卫星云图接收、地震以及电离层观测。

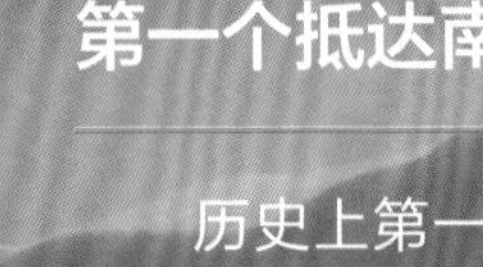

第一个抵达南极点的人

历史上第一个成功横穿南极沙漠抵达南极的人是挪威的探险家罗阿尔德·阿蒙森。在1911年，他和四个伙伴驾驶着狗拉的雪橇，历时50多天终于成功抵达南极，在南极点上插上了第一根代表人类光临的标杆。

北极——美丽而神秘的“白色世界”

北极，位于地球的最北端，同南极一样，这里也是被冰雪所掌控的世界，是一个人迹罕至、美丽而神秘的“白色世界”。环绕着北极圈的，是世界上最小、最冷的大洋——北冰洋。终年被海冰覆盖的北冰洋，是地球上唯一的“白色海洋”。

北极的夏天

北极虽然与南极一样，是一个被冰雪覆盖的世界，但是北极圈边缘地区的冬天与夏天是两种截然不同的景象。这里的冬天漫长、寒冷而黑暗，在北极点附近，有接近6个月的时间无法见到太阳。当北极到了夏天，太阳照射北回归线，气温回升，北极圈边缘地区的积雪融化，植物生长并开花，长时间的日照让冰封的海面逐渐融化，海洋中丰富的浮游生物与鱼类吸引了各种各样的动物来到这里。

北极夏季可能不再大规模结冰

由于全球气候变暖，北极的冰山融化加速，高温让冬季缩短，北极冰盖消融将超出正常的速度，结冰的速度跟不上融化的速度。所以，短时间之内北极在夏季将不会再有大规模结冰现象。

日不落的北极夏季

在北极地区的夏季，太阳总是斜挂在空中，始终不落山，整个北极地区，不论白天夜晚，都暴露在阳光之下，这种现象被称为“极昼”。

北极的生态

每年春分过后，太阳直射点逐渐向北移动，北极从漫长的寒冬中苏醒过来，此时的北极正享受着极昼带来的日光浴。上百万只海鸟来到这里筑巢，准备繁衍它们的下一代。北极熊一家也开始寻找它们的食物。北极狐像一只精灵，在北极苔原上捕猎进食。憨厚的海象从海面浮出，望着陆地上发生的一切。如果你运气够好，可以看到白鲸、驼背鲸、独角鲸等在海中嬉戏。同样是冰雪覆盖的世界，此时的北极是一片生机勃勃的景象。

北极的冰山

虽然北极是一个庞大的冰雪世界，但北极的冰雪总量仅是南极的十分之一。因为受到洋流运动的影响，北冰洋表面的海冰一直处于运动状态，一块块浮冰叠积并形成巨大的浮冰山。还有一些冰山，是从陆缘冰架或大陆冰盖塌落下来的巨大冰体。一些大型的桌状冰山，厚度可达200～300米，4～5年才会消融。

一角鲸

在北冰洋的海面上，偶尔会看到一只长着角的鲸跃出海面，这就是一角鲸。一角鲸的体长约4~5米，而它引人注目的角则长2~3米。你知道吗？一角鲸的角其实是它的一颗牙齿，这颗从它们脑袋上伸出的牙齿，是一角鲸左上颌伸出的一颗犬齿。一角鲸在冬天会捕食冰层下的比目鱼，到了夏天，北极鳕鱼则成了它们的美味佳肴。

北极雪鸮

童话故事中经常提到一种白色的猫头鹰，而现实中这种猫头鹰就生活在北极，这就是号称“北极女王”的北极雪鸮。雪鸮是世界上最大的猫头鹰之一，它们有着非比寻常的视力，使它们能够远距离锁定猎物。雪鸮的双眼不仅看得远，还能长期在黑暗的环境中看清猎物。

你知道吗？

因纽特人来自哪里？

因纽特人是生活在北极圈的黄种人，几千年前，他们的祖先从亚洲出发跨过白令海峡，到达美洲腹地时，遭到了当地印第安人的围堵和杀戮，被迫退至北极圈内。寒冷、恶劣的气候并没有磨灭他们的生存意志，这些人在北极奇迹般生存了下来，成为今天的因纽特人，创造了人类生存的奇迹。

北极熊

北极熊，又名白熊，是最大的陆地食肉动物。虽然它们身披白色的毛发，但是被洁白毛发所覆盖的，是北极熊黑色的皮肤。北极熊的嗅觉是犬类的7倍，视觉和听觉与人类接近。虽然北极熊是庞大的食肉动物，但如今它们的数量也仅剩20 000多只。它们的生存环境不断受到威胁，除了人类无休止地偷猎外，对它们造成更大威胁的是环境污染，适合它们生存的地方越来越少。

北极——地球上的白色海洋

北极是冰雪世界，但由于洋流的运动，表面的海冰总在不停地漂移、融化，因而不可能像南极那样，经历数百万年而积累起数千米厚的冰雪。北极有丰富的鱼类和浮游生物，为夏季在这里筑巢的海鸟提供食物来源；北极的夏天积雪融化，表层土解冻，植物生长开花，为驯鹿和麝牛等动物提供了食物；同时，狼和北极熊等肉食动物也依靠捕食其他动物得以存活。

北极狐

北极狐能在−50℃的冰原上生活。它们喜欢在丘陵地带筑巢，并且每个巢都有几个出入口。北极狐年年都为它的巢穴进行一些维修和扩展，以便能长期居住。夏天，当食物丰富时，北极狐会把部分食物储存在它的巢穴中。冬天，当巢穴中所储存的食物被消耗殆尽时，北极狐会跟踪北极熊，拣食北极熊的残羹剩饭。

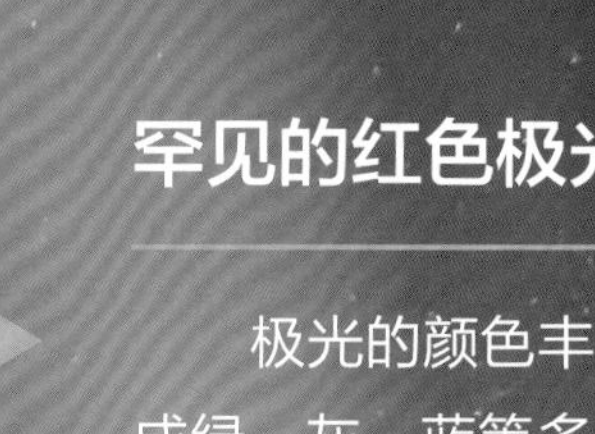

罕见的红色极光

极光的颜色丰富，微弱时呈白色，明亮时呈黄绿色，还会变换成绿、灰、蓝等多种颜色。在阿拉斯加的上空，由于氧的高度电离化，于是就形成了一种非常罕见的红色极光。

你知道吗？

因纽特人，生活在北极地区，旧称爱斯基摩人，属蒙古人种北极类型，过去是靠在海上捕鱼和在雪地里打猎为生的。在过去几千年里，他们生活得自由自在，并没有外人来打扰，然而与外界几乎隔绝也导致其社会发展变化极其缓慢：没有货币，没有商品，没有文字，甚至连金属也极少见，是一种全封闭式的自给自足。如今的因纽特人大多生活在美国的阿拉斯加州地区，有6.8万人，生活与祖辈相比已完全不同。

第七章 海洋和人类

海洋是人类的资源宝库

海洋约占地球表面积的71%，辽阔的海洋有着丰富的渔业资源，还蕴藏着天然气、石油等矿产资源，是人类赖以生存和发展的资源宝库。从古至今人类一直重视海洋资源的探索与开发，包括深海油气资源、海底矿产资源、深海生物基因资源等。

洋流发电

洋流发电指利用洋流进行发电的技术。海水流动形成强大的洋流推动涡轮机发电，为人类输送绿色能源。

海上钻井平台

海上钻井平台是海上油气勘探最重要的设施，既可以放置钻井设备，也可以为工作人员提供生活场所。

人类对海洋的探索

面对波涛汹涌的大海，人们总会想：海洋是不是真的无边无际？大海的尽头是什么？我能到达大海的尽头吗？这些波浪会吞噬我吗？正是因为对海的好奇和人类的征服欲，人们开始了对海洋的探索和征服。

哥伦布发现新大陆

中国指南针进入欧洲、欧洲造船业和航海技术的发达，都为远洋航行和开辟新航路提供了条件。1486年，意大利航海家哥伦布向西班牙国王提出了一个大胆的主张，他认为按照地圆说，从大西洋向西航行，也可以到达中国和印度，而且会比向东航行要近。哥伦布的远航是大航海时代的开端。新航路的开辟，改变了世界历史的进程。

麦哲伦环球旅行

1519年9月20日，葡萄牙人麦哲伦在西班牙国王的资助下，率领一支由5艘海船和265名水手组成的探险船队出航。麦哲伦环球航行不仅开辟了新航线，还证明了地球是圆的，世界各地的海洋是连成一体的。为此，人们称麦哲伦是“第一个拥抱地球的人”。

郑和下西洋

1405年7月11日，明成祖朱棣命郑和率领船队出海远航。这支船队由240多艘海船和27 400名船员组成。这是郑和的第一次远航。28年后，第七次远航回程到达古里（今印度卡利卡特）时，郑和在船上因病过世。郑和下西洋沿途访问了30多个西太平洋和印度洋沿岸的国家和地区。郑和的七次远航是世界航海史上的壮举，是中国航海探险的高峰，比西方探险家达·伽马、哥伦布等人早了80多年，并且在航程、规模、组织等方面，都超过了这几个欧洲航海家。

人类对海洋的破坏和保护

海洋是人类的宝贵财富，拥有丰富的生物和矿产资源。过度捕捞、塑料垃圾抛弃、未经处理的污水排入海洋、石油泄漏等人类的活动破坏了海洋生态环境，一些海洋生物因此而灭绝。在世界上某些地方，大片海床已经成了有毒的水下“沙漠”。

人类对海洋的破坏

让我们假想一下，如果未来有一天上升的水位将世界淹没在汪洋之中，那么人类将何去何从？这并非危言耸听。2015年，一头鲸被海水冲上苏格兰斯凯岛，搁浅而亡。当研究人员解剖其尸体试图探寻其死因时，竟惊人地发现它的胃里装满了重达4千克的塑料垃圾。人类的过度捕捞已经让鱼类族群遭到了破坏，人类的塑料垃圾也让很多海洋生物处于岌岌可危的境地。海岸开发与石油泄漏更是让人痛心，海岸开发产生的废水与垃圾，让附近的海草与珊瑚窒息。海洋生态也在影响着陆地，当海洋不复存在，人类也将面临灭亡。

海洋保护

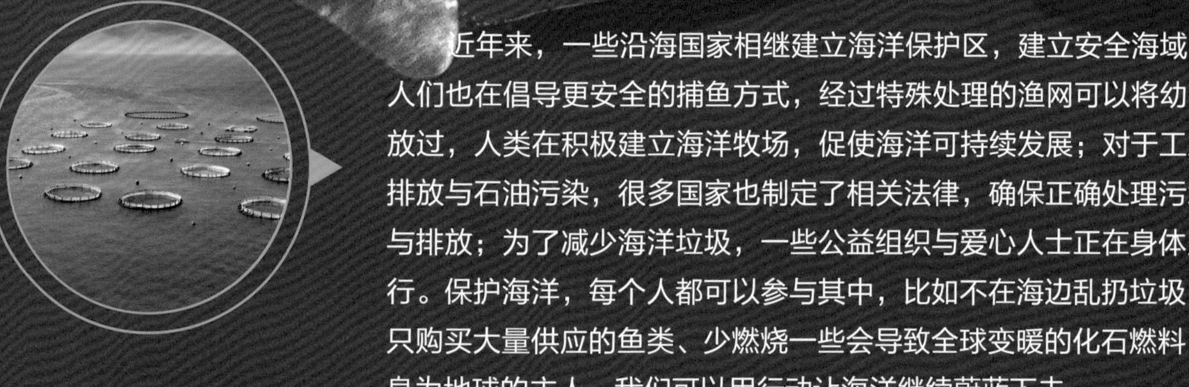

近年来，一些沿海国家相继建立海洋保护区，建立安全海域；人们也在倡导更安全的捕鱼方式，经过特殊处理的渔网可以将幼苗放过，人类在积极建立海洋牧场，促使海洋可持续发展；对于工业排放与石油污染，很多国家也制定了相关法律，确保正确处理污水与排放；为了减少海洋垃圾，一些公益组织与爱心人士正在身体力行。保护海洋，每个人都可以参与其中，比如不在海边乱扔垃圾、只购买大量供应的鱼类、少燃烧一些会导致全球变暖的化石燃料，身为地球的主人，我们可以用行动让海洋继续蔚蓝下去。

全球变暖

全球变暖是指全球气温升高，是一种自然现象。全球平均气温经历了“冷→暖→冷→暖”两次波动，总体上看呈上升趋势。进入20世纪80年代后，全球气温明显上升，主要是由于人类活动产生了二氧化碳等多种温室气体。由于这些温室气体对来自太阳辐射的可见光具有高度的透过性，而对地球反射出来的长波辐射具有高度的吸收性，也就是常说的“温室效应”，导致全球气候变暖。

全球气候变暖，会发生冰川消融，海平面升高，引起海岸的滩涂湿地、红树林和珊瑚礁等生态群丧失，海水入侵沿海地下淡水层，沿海土地盐渍化等，从而造成海岸、河口、海湾自然生态环境失衡，给海岸带生态环境系统带来灾难。总之，全球变暖的后果，会使全球降水量重新分配，冰川和冻土消融，海平面上升，等等，既危害自然生态系统的平衡，也威胁人类的食物供应和居住环境。

人类面临的危机

由于人类对植被的大肆破坏与温室气体排放的日渐增加，“温室效应”成为当今世界最受关注的环境问题之一。因为全球变暖，北极也面临着前所未有的危机。伴随冰川融化现象日益加剧，北极的冰盖缩小，海平面上升，北极熊失去了冰川这个立足之地。更多生活在这里的动物和北极熊一样，随着环境的变化，生命受到了威胁。大量永冻土的解冻，也会带来更多未知的危险，这无疑给人类敲响了警钟。

保护海洋，从我做起

海洋为人类提供绿色能源，也是人类生命的起源地。海洋是水上运输的重要通道，为人类生活带来很多好处。如今，越来越多的海洋开发，对海洋造成了污染，改变了海洋原来的状态。海洋污染，损害生物资源，危害人类健康，对海洋环境造成严重的破坏。

石油泄漏污染海洋

石油泄漏后，石油中所含的苯和甲苯等有毒化合物漏入海洋，这些有毒化合物迅速被藻类和其他哺乳动物吸收，造成大批海洋生物死亡。

保护海洋，从我做起

被丢弃的渔线、渔网这些渔具，会缠绕并困住海洋动物，造成海洋动物无法浮上水面呼吸，最后窒息而死。有些海洋动物误食渔线、仿生鱼饵，这些渔具残留在体内，给生命带来危害。保护海洋，爱护海洋环境，从我做起。如果去海边度假，请不要在海滩上乱扔垃圾；离开海边时，请将垃圾带走。